U0258534

数学的故事

蔡天新　著

中信出版集团·北京

图书在版编目（CIP）数据

数学的故事 / 蔡天新著 . —北京：中信出版社，
2018.9（2024.8重印）
　ISBN 978–7–5086–9076–6

　I. ①数… 　II. ①蔡… 　III. ①数学－普及读物 　IV.
① O1–49

中国版本图书馆 CIP 数据核字（2018）第 124221 号

数学的故事
著者： 　蔡天新
出版发行：中信出版集团股份有限公司
　　　　（北京市朝阳区东三环北路 27 号嘉铭中心　邮编　100020）
承印者： 　北京通州皇家印刷厂

开本：787mm×1092mm　1/16　　印张：14　　　字数：130 千字
版次：2018 年 9 月第 1 版　　　印次：2024 年　8 月第 12 次印刷
书号：ISBN 978–7–5086–9076–6
　　　　　　　　　　定价：49.00 元

丙辑　有趣的数学问题　… 161

后　记　… 213

在人类所有的发明中，数学和诗歌无疑是最古老的。可以说自从有了人类的历史，就有了这两样东西。如果说牧羊人计算绵羊的只数产生了数学，那么诗歌则起源于祈求丰收的祷告，由此看来，两者均源于生存的需要。比较而言，数学可能诞生于稍早的游牧文明，而诗歌则出现在农耕文明之初。无论数学还是诗歌，它们的故事和触角遍及人类社会的每一个角落，以及历史和生命的每一个瞬时。

2016 年初夏，诗人北岛来杭州，电话约我见面。晚餐时，北岛说自己小时候数学很糟糕，但认为数学非常重要。当着其他朋友的面，他邀请我写一本《给孩子的数学故事》的书。我知道，几年前北岛选编了《给孩子的诗》①，出版后，一时洛阳纸贵，孕妇和幼孩母亲都纷纷购买。虽然如此，我并未立刻答应，因为若干年前，曾有多家出版社向我约过同名书稿。

原因有三。首先，我觉得中国的孩子够辛苦了，不想再给他们增添课外负担。其次，我从没有给少年儿童写过书，不知什么样的故事能吸

---

① 《给孩子的诗》由中信出版社于 2014 年 7 月出版。——编者注

引他们。再次,拙作《数学传奇——那些难以企及的人物》写作始于 1990 年,历时 1/4 个世纪,而作为"给孩子"系列书的主编,北岛希望我年内能完成书稿,是否来得及?撰写可不同于选编,每篇文章每个字词都得自己操笔。

那以后,北岛来过几次电话,分别是从北京和南方,后来他又加我微信交流。北岛很真诚,"我调研过了,你是全中国最适合写这本书的人"。这句话最后打动了我。我与北岛认识已经 20 多年,第一次见面是在 1995 年夏天的巴黎。4 年以后还是在同一座城市,我和巴黎的朋友为他庆祝 50 岁生日。2004 年夏天,北岛第一次回湖州南浔老家省亲,我和家人也陪同前往。

虽说之前我曾 10 多次在北岛主编的《今天》杂志上发表诗歌、散文或译作,我们也都是《读书》杂志和三联书店的作者,他应该读过我的书籍或文章,包括数学文化方面的,没想到他还那么认真地去做调研。可以说,是北岛的真诚和认真打动了我,于是我答应下来,在夏日远足归来以后,便开始动笔了。幸运的是,那个暑假特别长,因为 G20(二十国集团)峰会在杭州召开。万事开头难,有了第一篇以后,剩下的都好办了。就像写作其他书籍一样,我享受其中。

其间还有别的故事发生。几乎在北岛来杭州的同一个星期,一位叫余建春的河南打工青年给我寄来一封手写的信函。小余老家是信阳新县,毕业于郑州一所牧业专科学校,业余喜欢钻研数论问题。在没有学过高等数学,也不知道同余符号等基础知识的情况下,小余得出了几个有意思的数论结果,包括给出无穷多组相邻的自然数,它们的立方和均为立方数。遗憾的是,这个结果外国人已经先他一步得出来了。

余建春的另一个发现是,给出著名的卡迈克尔数的一种新的判断方法,他用二次式代替经典的一次式,且效率不低,这是包括我本人在内的数论工作者没考虑过的。卡迈克尔数是一类伪素数，它虽不是素数，但在某种意义上有着与素数相同的性质。我给小余回了信，对这项结果表示肯定。他随即回复我，他已到杭州打工，希望来浙大拜访我。刚好第三天我有研究生讨论班，便邀他来班上讲，给了他 30 分钟的时间。我觉得小余的难能可贵之处在于，不是冲着某某大猜想，而是专注于小问题。

我在朋友圈不经意提及此事，被敏感的晚报记者小 Z 看见，她联系我希望能采访余建春。出乎我的意料，她的报道和消息持续发酵，包括新华社、央视、《人民日报》、《中国日报》、《参考消息》，美国的 CNN（美国有线电视新闻网）、《华盛顿邮报》，英国的 BBC（英国广播公司）、《泰晤士报》，甚至法国巴黎地铁小报都进行了正面报道。父母早亡的小余命运因此改变，先后得到湖州、上海和香港的三位贵人相助，有机会迈出国门，并喜结良缘。与此同时，我发现有些报道明显过头，因此婉拒了包括伦敦《每日电讯报》等数十家媒体的采访要求。

这件事给我的启示是，数学虽然比较抽象，有时是无用的，却是大众（无论中外）关心的一门学科。毕竟，不管你是否愿意，绝大多数人都要学上十几年数学。可以说，学好数学是一桩幸福美好的事儿，学不好数学则是一桩痛苦莫名甚或悲惨的事儿。众所周知，一个人能否学好一门课程或学科的关键在于他或她有无兴趣，以及兴趣的多寡。这样一来，这本书的意义就不言自明了：它也许可以帮助更多人了解和喜欢数学。

至于后来发生的各种分歧，则完全出乎我的意料。这本书的出版也延宕了一年，不再属于北岛主编的"给孩子"系列书，但仍然由中信出版社出版。虽然如此，我还是要感谢北岛，是他的邀稿和催促，才有了这本书。在此期间，拙作《数学简史》（最初来自一位物理学家的建议和敦促）由中信出版社出版，入选 2017 年度"中华优秀科普图书榜"，获得中信出版集团"年度经典再版图书奖"，我本人也荣膺"年度作者"称号。翌年，此书又荣获吴大猷原创科普著作佳作奖。《数学传奇》则于 2018 年年初荣获"国家科学技术进步奖"（上一次数学类图书获此奖项是在 2010 年，即由华罗庚、段学复、吴文俊、姜伯驹等前辈大家合作的《数学小丛书》）。

也正是在这一年多时间里及稍后，这本书的绝大部分篇目陆续得以发表，其中《人民文学》刊发了三则故事，《南方周末》整版刊发了两则故事，其他文章散见于"知识分子"、"赛先生"和"科学人"等微信公众号，以及《作家文摘》、《科学画报》、《中国数学会通讯》、《中国工业与应用数学会通讯》和《数学文化》等杂志，《玄妙的统计》一文还被摘选入湘教版高中《数学》教科书（必修第一册，2019），在此一并向包括中信出版社在内的诸位编辑致意。与此同时，我真诚地希望数龄（学习数学的年份）不同的读者会有不同的收获，期待你们的批评指正！

蔡天新，杭州彩云居

2017 年春节—2018 年春节

甲辑

数学的故事

从大禹治水到丢勒画《忧郁》

数起源于远古时代黄河出现的"河图"和洛水出现的"洛书"。

—— [明] 程大位

大洪水的传说

"大禹治水"是古代汉民族的神话故事，起源于著名的上古大洪水传说。大洪水是世界各地许多民族的共同传说，在四大文明古国（古埃及、古巴比伦、古代中国、古印度）及希腊、玛雅等民族的神话故事里，都有大洪水甚至洪水灭世的传说，只是原因和过程不尽相同。

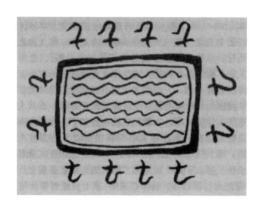

埃及《死亡书》中有关大陆沉没的图形

依照中国古代传说，大洪水的原因是水神共工和火神祝融相争，水神一怒之下，撞折了支撑天的大柱子不周山，使得天崩地陷、洪水滔天，这个故事也是神话"女娲补天"的前传。希伯来文和希腊文《圣经》则是这样描写的："上帝见人在地上罪恶极大，于是宣布将使用洪水，毁灭天下地上有血肉气息的活物，无一不死！"

与此同时，上帝也命挪亚建造了一个巨型方舟，将世上每一种生物都至少留一对。这艘船长 130 米、宽 22 米、高 13 米，分上、中、下三层。当洪水来袭，天降暴雨，水位不断上涨，把地上的一切生灵都毁灭了，唯有挪亚方舟里的生命幸免于难。洪水退去以后，挪亚一家得以生还，成为中东地区各个民族的祖先。

挪亚方舟。美国民间绘画

有人对世界各地 200 多种大洪水传说做了研究，发现九成以上都提到全球性的洪水泛滥，七成以上都提到了船只庇护，五成以上都提到人们最终在高山上得以幸存。"无风不起浪"，那么历史上究竟有没有发生过大洪水呢？科学家们并没有否定大洪水发生的可能性，只是谁也无法确定它于何时何地发生。

目前，地质学领域有两种较为流行的理论。一是黑海洪灾。大约7 000 年前，黑海还是淡水湖，四周农田围绕，后来，冰川融化造成中东地区洪水泛滥，黑海也变成了咸水湖。二是彗星撞击地球。大约5 000 年前，一颗大直径的彗星撞击了非洲马达加斯加岛海岸，卷起

100 多米高的海啸，一路向北，引发了大洪水。

不过，也有一种截然相反的意见，认为 12 000 年前第四纪冰期结束时，气候转暖、冰河融化，导致海平面上升，淹没了许多海岸和陆地。故而世界性的大洪水确实发生过，但并未达到淹没一切的程度。当时海边的人们损失巨大，被迫向内陆迁徙，并带去了可怕的洪水故事，于是便有了大洪水的传说。那些淹没在海底的文明遗迹和海水浸没过的痕迹成为此说法的有力论据。

大禹治水和洛书

在中国神话里，大禹是黄帝的玄孙。大洪水导致黄河泛滥，禹和父亲鲧先后受命于尧、舜二帝，负责治水。鲧采用"堵"的办法，结果失败了。禹新婚不久便离家远行，他汲取父亲失败的教训，对洪水进行疏导。相传大禹为了治水，"三过家门而不入"，哪怕其中一次听到新生儿子的啼哭声。

经过 13 年的努力，大禹终于完成治水伟业，从此百姓安居乐业。舜禅位于禹，后来禹的儿子启建立了中国第一个王朝——夏。在大禹治水期间，他的妻子女娇因为思念丈夫，曾作过一首情诗《候人兮猗》，这里"兮"字是语气助词，相当于"啊"或"呀"，后来频频出现在《诗经》和《楚辞》中，女娇也成为中国历史上第一位留名的女诗人。在安徽怀远的涂山有一块望夫石，相传为女娇所化。

西汉前期民间流传着一则故事。大禹治水时，洛阳东北孟津县的黄河中跃出一匹神马，马背上驮着一幅图，人称"河图"；又从洛阳西南洛宁县的洛河中浮出一只神龟，龟背上有一张象征吉祥的图案，人称"洛书"。

洛书上有三行三列的纵横图，分别写着 1~9 这 9 个数字，每行、列及两条对角线上的三个数相加的结果相同，均为 15。

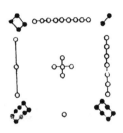

洛书里的幻方　　　　　　洛书里的纵横图

之所以各行列元素之和为 15，原因在于 1~9 这 9 个数字加起来是 45，再除以 3 是 15。有专家分析，这可能也是我国古代将一年划分为 24 个节气，每个节气 15 天的依据。

玩纵横图这种游戏时，我们可以用笔在纸上书写，也可以用扑克牌来协助拼图。今天的"图书"一词，或许也与"河图"和"洛书"有关。纵横图也被称为九宫图或魔方，它既是科学的结晶，又是吉祥的象征。就连我们使用的智能手机里的汉语拼音键盘，也采用了九宫格的图案。

公元前 1 世纪，汉宣帝时期的博士戴德的政治礼仪著作《大戴礼·明堂篇》里就有"二、九、四、七、五、三、六、一、八"的九宫数记载。之前，无论《尚书》《论语》，还是《管子》，都提到了河图和洛书。奇书《周易》被认为起源于伏羲八卦，后者又来自河图和洛书。

可是，自宋朝以来，关于河图和洛书是否真的存在这个问题又有了争议。例如，"唐宋古文八大家"之一的欧阳修认为，河图绝非在《周易》之前；到了元代，还有学者认为，河图和洛书来自《周易》；

而有的现代历史学家甚至持彻底否定说，不承认洛书的存在。

直到 1977 年，在安徽阜阳出土的一座西汉古墓里，发现了一只太乙九宫占盘。盘中数字五居中，一对九、二对八、三对七、四对六，与洛书完全相符，这才结束了持续 900 年的河图、洛书真伪之争。自那以后，洛书也被全世界公认为数学分支之一——组合数学的起源。

如同明代数学家程大位在《算法统宗》一书中所写的，"数起源于远古时代黄河出现的河图和洛水出现的洛书，伏羲依靠河图画出八卦，大禹按照洛书划分九州，圣人们根据它们演绎出各种治国安邦的良策"。他还指出，大禹受洛书中数的相互制约和均衡统一的启发，建立起国家的法律体系，使得天下一统，归于大治。

东方的魔方玩家

数学史上，绝大多数问题都是从一个或几个简单的例子开始的。从九宫数出发，人们定义了幻方，英文称之为 magic square。这是一种将不同数字安排在正方形格子中，使每行、每列和两条对角线上的数字之和都相等的方法。正方形的行（列）数被称为幻方的阶，容易推得，二阶幻方不存在，幻方至少需要三阶。

任何一个幻方经过旋转或反射仍是幻方，共有 8 种等价形式，可归为同一类。不难验证，三阶幻方或纵横图只有一类。出乎我们意料的是，有人计算出四阶和五阶幻方分别有 880 类和 275 305 224 类，六阶幻方约有 1.8×10^{19} 类，这是一个天文数字。

因为每个 n 阶幻方的元素之和为从 1 加到 n^2，故而其和为 $\dfrac{n^2(n^2+1)}{2}$。用 n 除之，即得各行、列以及对角线的数之和为 $\dfrac{n(n^2+1)}{2}$。

当 $n=3$ 时，这个数是 15；$n=4$ 时，这个数是 34。

在古印度、波斯和阿拉伯，均有人研究幻方。先来看看印度人，无论早期的吠陀教还是如今的印度教，三阶幻方均是仪式的一部分，且有着神灵一样的名字。例如 Kubera kolam，其中 Kubera 是南印度的财神，kolam 是南印度的传统粉笔画。人们用玉米粉或粉笔将幻方画在寺庙的地板或墙壁上，虔诚的信徒在庙里受戒，祈求财富和好运。

特别值得一提的是，10 世纪的印度人发明了一个四阶幻方，刻在克久拉霍一座耆那教寺庙的墙壁上。这个幻方如此神奇，除了每行、列和两条对角线以外，任意相邻的两行和两列的 4 个元素之和也为 34。它被视为最完美的幻方，不过，得认真比对印度数字与阿拉伯数字，才能够辨认出 16 个数字来。

7	12	1	14
2	13	8	11
16	3	10	5
9	6	15	4

克久拉霍一座耆那教寺庙墙壁上的幻方

说到克久拉霍，它是印度中央邦一座有两万人口的小城市。可是在 1 000 年以前，它却是印度月亮王朝的都城。"克久拉"的意思是椰子，如今克久拉霍仍是印度宗教的传播中心，有 22 座千年古寺保存至今，尤以性爱雕像群和舞蹈节闻名，1986 年被定为联合国"世界文化遗产"。

再来说说阿拉伯人，他们的数学和天文学最初来自印度的旅行者，但有所发展。迄今为止，最早的五阶幻方和六阶幻方出现在 983 年前后的巴格达，他们还把幻方应用到天文学中。在阿拉伯化前的波斯，也有人研究幻方，在一部早期的数学著作里，有用等差数列构成的多种幻方。

1956 年，考古人员在西安郊外元朝安西王府旧址发掘出 5 块铁板，上面都刻有用阿拉伯数字表示的六阶幻方，每行、列及对角线的数之和均为 111，它们可能是王府用作驱魔避邪的器物。1980 年，在上海浦东陆家嘴，一块可佩戴的元代玉挂饰物被挖掘出土，正面写着"万物非主，惟有真宰，穆罕默德，为其使者"，反面则是一个四阶幻方。

13 世纪的南宋数学家杨辉是幻方研究专家，他是杭州人，曾在苏州、台州等地做过地方官。与古代中国的大部分数学家一样，杨辉利用业余时间研究数学。他用等差数列的求和公式，巧妙地给出了三阶幻方和四阶幻方的计算方法。虽然对四阶以上的幻方，他只给出结果而未留下算法，但他的五阶、六阶乃至十阶幻方全都准确无误。

画《忧郁》的丢勒

在欧洲，最著名的幻方属于德国版画家丢勒（A. Dürer）。那是一个四阶幻方，出现在他的雕版画《忧郁 I 》里。画中有一个手扶额头做沉思状的青年女子，一副翅膀表明她机智聪慧，还有一个球体、一个多面体、一束光芒（彗星或灯塔）和一道彩虹。画面右上角有像窗子一样的正方形，那正是一个四阶幻方：

16	3	2	13
5	10	11	8
9	6	7	12
4	15	14	1

丢勒的幻方

无疑，幻方的出现增添了画面的神秘气氛，让忧郁的主题得到加强。这幅画的尺寸比较小，只有 24 厘米高、19 厘米宽。这可能是艺术作品中首次出现幻方，它助力此画成为一幅世界名画。值得一提的是，丢勒的幻方不仅每行、列以及对角线的数之和均为 34，甚至 4 个角落和正中央那 5 个小正方形的 4 个数字之和也均为 34。

更有趣的是，如果把丢勒幻方末行中间的两个数 15 和 14 合在一起，恰好是这幅画诞生的年份——1514。由此可见，丢勒对幻方的构造已经游刃有余。可是比起印度克拉久霍寺庙墙壁上的那个幻方，丢勒的幻方仍然稍显逊色，因为前者所含的每个小正方形（共 9 个）的 4 个数字之和均为 34。

1471 年，丢勒出生在德意志帝国南方巴伐利亚的纽伦堡，他多才多艺，一生大约有 20 年时间在荷兰、瑞士、意大利等地旅行或侨居。丢勒的作品具有知识和理性的特征，创作领域十分宽广，包括油画、版画、木刻、插图等，还致力于艺术理论和科学著作的写作。

丢勒自画像　　　　　　丢勒的雕版画《忧郁 I》

丢勒被视为文艺复兴时期艺术家里面数学最好的一位，他的著作《圆规直尺测量法》主要是关于几何学的，也顺便提到了透视法。书中谈到了空间曲线及其在平面上的投影，还介绍了外摆线，即当圆滚动时圆周上一点的轨迹。丢勒甚至考虑到了曲线在三个相互垂直平面上的正交投影，这个想法极其前卫，直到18世纪法国数学家蒙日（G. Monge）才发展出相关数学分支——画法几何。

一般来说，在绘画语言中，色彩更长于表现情感，线条更长于表现理智。德意志民族通常被认为富有理性思维，因而有德国画家擅长用线条的说法。无论这一说法正确与否，至少丢勒确实如此。他以精密的线描表现出自己细微的观察和复杂的构思，其丰富的思维与热情的理想结合在一起，产生了一种奇特的效果，在美术史上留下了显著的印迹。

在20世纪西班牙建筑师安东尼·高迪（A. Gaudí）的代表作——巴塞罗那圣家族大教堂的西门口，有一组石雕群像，上面也刻着一个四阶幻方。仔细查看你会发现，这个幻方的各行、列以及对角线的数之和不是34，而是33，据说是因为基督升天时33岁，人的脊椎骨也是33根。富有创意的设计者约瑟夫·苏比拉克（J. Subirachs）让10和14出现了两次，而让12和16消失。

巴塞罗那圣家族大教堂门口的幻方

　　在中国作家金庸的小说《射雕英雄传》里，郭靖和黄蓉被裘千仞追到黑龙潭，躲进瑛姑的小屋。瑛姑出了一道题，那正是三阶纵横图。这道题困扰了瑛姑十几年，却被黄蓉一下就答了出来。在美国作家丹·布朗（D. Brown）的小说《失落的秘符》里，丢勒和他的幻方也成为作品中不可或缺的组成部分。

马可·波罗和阿拉伯数字的旅行

阿拉伯数字的传播和马可·波罗的旅行都环绕了
地中海，一个沿顺时针方向，另一个沿逆时针
方向。

——题记

零与印度数字

1、2、3、4、5、6、7、8、9 和 0，这 10 个简洁美观的字符，是我们从幼儿时代便熟知的。由它们及其组合形成的十进制数系，是我们经常所说的阿拉伯数字。小朋友们会拿它们做加、减、乘、除四则运算，如果只是 1~7 这 7 个数字，我们还可以用它们指代一周的各天，或用作音乐简谱。可是，它们真是阿拉伯人的发明吗？

1881 年夏天，在今天巴基斯坦（当时和古代大部分时间都属于印度）西北部距离白沙瓦市（唐代高僧玄奘赴印度取经曾路过此地，赞其为花果繁茂的天府之地）约 80 公里的一座名叫巴克沙利的村庄里，一个佃户在挖地时发现了书写在桦树皮上的所谓"巴克沙利手稿"，上面记载了公元元年前后数个世纪的印度数学。

手稿内容十分丰富，涉及分数、平方数、比例、数列、收支与利润计算、级数求和与代数方程等。此外，手稿还用到减号，状如今天的加号，不过写在减数的右边，而加号、乘除和等号则用文字表示。最有意义的是，手稿中出现了完整的十进制数字，其中零用实心的点表示。

表示零的点号后来逐渐演变成圆圈，即现在通用的"0"，它最晚于 9 世纪就已在印度出现。在 876 年瓜廖尔人刻制的一块石碑上，清晰地出现了数字"0"。瓜廖尔是印度北方城市，属于恒河流域人口最为密集的中央邦。石碑坐落在一座花园里，上面刻着赠予邻近寺庙的一片土地的宽和长，以及预备每天供给该寺庙的花环或花冠数，其中两个"0"字虽然不大，却写得非常清晰。

用圆圈符号"0"表示零，这是印度人的一大发明。它既表示"无"的概念，又表示位值制记数法中的空位，它也是数的一个基本单位，可以与其他数一起计算。而无论苏美尔人发明的楔形文字，还是宋元以前的算筹记数法，都是只留出空位而没有符号。采用六十进制的巴比伦人和采用二十进制的玛雅人虽说也引入了零号（玛雅人用贝壳或眼睛表示），但仅表示空位而没有把它当作一个独立的数字。

至于1~9这9个阿拉伯数字的雏形，它们也是印度人首先发明的，但年代难以考证。只是由于近代考古学的进展，人们才在印度的一些古老的石柱和窑洞的墙壁上发现了这些数字的痕迹，其年代大约在公元前250年至200年之间。在那时以及后来的几个世纪里，字母文字既没有未知数，也没有数字符号，阿拉伯数字因此有了它的用武之地。

与古巴比伦、古埃及和古代中国这三个文明古国一样，古印度也对数学做出了巨大贡献。不同的是，印度数学源自宗教。印度是一个神秘和宗教盛行的国度，诞生了诸如吠陀教、耆那教、佛教、锡克教和印度教等著名宗教。其中，历史最为悠久的吠陀教因其唯一的圣典《吠陀》得名。

《吠陀》最初由祭司口头传诵，后来被记录在棕榈叶或树皮上。虽然大部分已失传，但留存部分也有论及庙宇、祭坛的设计与测量的内容，即《绳法经》。这是印度最早的数学文献，成书年代大约为公元前8世纪至2世纪，不晚于印度两大古典史诗《摩诃婆罗多》和《罗摩衍那》。

《绳法经》中包含了修筑祭坛的法则。祭坛最常见的三种形状是正方形、圆形和半圆形，但不管哪种形状，祭坛的面积必须等于一个特定的值。因此，印度人要学会作出与正方形等面积的圆，那样的话圆周率必须精确。祭坛还有一种形状是等腰梯形，这就提出了新的几何问题。至于印度数字和零号，应该是在《绳法经》的基础上衍生出来的。

游历阿拉伯的旅行家

离印度不远的地方便是阿拉伯，后者的发轫地阿拉伯半岛与印度也只隔着阿拉伯海，其距离大致相当于东海两侧的中国与日本。阿拉伯人把自己所在的半岛称为岛，因为它三面环海，一面靠着沙漠。后来，情况有所变化，印度与阿拉伯在地理上越来越接近了，这是伊斯兰的势力范围扩大的结果。

阿拉伯帝国的兴盛被视为人类历史上最精彩的插曲之一。622 年，52 岁的穆罕默德带领大约 70 名门徒被迫离开故乡麦加，来到 200 公里以外的麦地那，信徒人数迅速增加。在穆罕默德（62 岁）去世后的10 年里，他的两任哈里发继承人（均是他的岳父）率领军队击败了波斯大军，占领了美索不达米亚、叙利亚和巴勒斯坦，并从拜占庭手中夺取了埃及。

大约在 650 年，依据穆罕默德和他的信徒得到的真主的启示辑录而成的《古兰经》问世，成为伊斯兰教四项基本原则（乌苏尔）之首（其余三项分别是圣训、集体一致意见和个人判断）。711 年，阿拉伯人扫平北非，直指大西洋。接着，他们又向北穿越直布罗陀海峡，占领西班牙，建立了迄今为止人类历史上最大的帝国。

穆斯林军队每到一处，就在那里不遗余力地传播伊斯兰教。755

年，由于哈里发的权力之争，阿拉伯帝国分裂成东西两个独立王国，宛如从前的罗马帝国。西边的王国定都西班牙的科尔多瓦，东边的王国定都叙利亚的大马士革。后者在阿拔斯家族掌权之后，重心逐渐东移到今天伊拉克的首都巴格达，在那里创建了"一座举世无双的城市"，阿拔斯王朝（750—1258）也成为伊斯兰历史上最驰名和统治时间最长的朝代。

巴格达位于底格里斯河畔距离幼发拉底河的最近处，四周是一片平坦的冲积平原。巴格达一词在波斯语里的意思是"神赐的礼物"，自从762年被选定为首都之后，这座城市开始兴旺发达，到8世纪后期和9世纪上半叶，巴格达经济繁荣，成为继中国长安城之后世界上最富庶的城市。

771年，即巴格达建都的9年以后，有一位印度旅行家来到巴格达。他带来了两篇科学论文，其中一篇是关于天文学的。国王命人把这篇论文译成阿拉伯文，结果那个人就成了伊斯兰世界的第一位天文学家。由此可见，那时的阿拉伯世界，科学领域还是一片空白。

底格里斯河。作者摄于巴格达

早在阿拉伯人还在沙漠里生活的年代，就对星辰的位置很感兴趣。他们信奉伊斯兰教后，增加了研究天文学的动力，因为无论身处何地，他们每天都需要向麦加方向祈祷朝拜 5 次，这个方向必须找准确。我在阿拉伯人的航班和长途汽车上亲眼所见，他们非常守时，甚至寸土寸金的机舱里也设有祈祷室。

另外一篇是印度数学家婆罗摩笈多（Brahmagupta）的数学论文，我们所谓的阿拉伯数字，也即阿拉伯人所谓的印度数字，就是由这篇文章传入伊斯兰世界的。这些数字通过阿拉伯人的改造演变成阿拉伯数字，再通过他们的远征流传到欧洲。13 世纪初，意大利人斐波那契（L. Fibonacci）的《算经》（又名《算盘书》）里已有包括零号在内的完整的印度数字的介绍。

印度数字和十进制记数法被欧洲人消化、接受和修订之后，在近代科学的进步中扮演了重要角色。值得一提的是，比起未经欧洲人改造的"阿拉伯文数字"来，印度瓜廖尔石碑上所刻的数字似乎更接近于今天全世界通用的"阿拉伯数字"。事实上，阿拉伯数字的学名就叫"印度数字"，或"印度—阿拉伯数系"。但是，印度数字只是外在，要被欧洲人看中并接纳，还得有它的内涵，古代印度人和阿拉伯人的数学成就成全了此事。

翻译时代与拜占庭

不过，印度人的数学和文化输出十分有限。在阿拉伯人的学术和生活中，希腊文化最终成为一切外国影响因素中最重要的。事实上，在阿拉伯人征服了叙利亚和埃及以后，他们接触到的希腊文化遗产便成为他们眼里最宝贵的财富。之后，他们四处搜寻希腊人的著作，包括欧几里得（Euclid）的《几何原本》、托勒密（C. Ptolemy）的《地理志》和柏拉图（Plato）的著作等在内的书籍便陆续被译成了阿拉伯语版本。

在马蒙继任哈里发以后，希腊的影响力达到了极致。马蒙本人对理性十分痴迷，据说他曾梦见亚里士多德（Aristotle）向他保证，理性和伊斯兰教的教义之间没有真正的分歧。830 年，马蒙下令在巴格达建造了"智慧宫"，开启了所谓的"百年翻译运动"。智慧宫是一个集图书馆、科学院和翻译局于一体的联合机构，无论从哪个方面来看，它都是公元前 3 世纪亚历山大图书馆建立以来最重要的学术机关。

巴格达的智慧宫

很快，智慧宫就成为世界的学术中心，研究内容包括哲学、医学、动物学、植物学、天文学、数学、机械、建筑、伊斯兰教教义和阿拉伯语语法学。在阿拔斯王朝早期这个漫长而有成效的翻译时代后半期，巴格达迎来了一个对于科学来说具有独创性的年代，其中最重要、最有影响力的人物便是数学家、天文学家花拉子密（Khwarizmi）。从花拉子密信仰曾经的波斯国教拜火教这一点来推测，他很可能不是纯粹的阿拉伯人，而是波斯人的后裔，至少在精神上倾向于波斯。据说529 年东罗马帝国皇帝查士丁尼下令关闭柏拉图学园后，不少希腊学者跑到波斯，播下了文明的种子。但花拉子密无疑精通阿拉伯文，智慧宫建成后，他便是主要的领导人。

花拉子密在数学方面留下了两部传世之作，其中《代数学》又名《还原与对消计算概要》，阿拉伯文的"还原"（al-jabr）一词有移项之意。这部书在 12 世纪被译成拉丁文，在欧洲产生了巨大影响，al-jabr 被译成 algebra，这正是今天包括英文在内的西方文字中的"代数学"一词。可以说，正如埃及人发明了几何学，阿拉伯人命名了代数学。

花拉子密的著作在欧洲被用作教科书长达数个世纪，这对东方学者来说十分罕见。当时欧洲漫长的黑暗时代（中世纪）即将结束，大约就在法国学者热尔贝（西尔维斯特二世）担任罗马教皇的时代，希腊数学和科学的经典著作开始传入西欧。希腊人的学术著作在被阿拉伯人保存了数个世纪以后，又几乎完好无损地还给了欧洲。

如果说从希腊语译成阿拉伯语主要是在巴格达的智慧宫完成的，那么从阿拉伯语译成拉丁语的路径就比较多样了，包括西班牙的古城托莱多（该城后来涌入了大量欧洲学者）、西西里岛（曾经是阿拉伯人的殖民地），还有巴格达和君士坦丁堡（有很多外交官）。

在这里我们不得不提及以君士坦丁堡（今土耳其伊斯坦布尔）为首都的拜占庭帝国，即从罗马帝国分裂出来的东罗马帝国，那里的居民信奉东正教。这是欧洲历史最悠久的君主制国家，涵盖了整个阿拔斯王朝。它的核心区域位于欧洲东南部的巴尔干半岛，领土曾包括亚洲西部和非洲北部，鼎盛时还包括意大利、西班牙、北非和中东的部分地区。

拜占庭帝国的文化和宗教对于今天的东欧各国仍有巨大影响，留存下来的古希腊和古罗马著作、史料和理性的哲学思想，引发了欧洲文艺复兴运动，并深远地影响了人类历史。基于地理位置的原因，拜占庭帝国成为沟通东西方的桥梁。与此同时，这个庞然大物的存在和宗教上的分歧，也或多或少地阻隔了欧洲人与阿拉伯人及其他亚洲人之间的交往。

马可·波罗的旅行

在今天世界上存在的数以千计的语言系统里，印度—阿拉伯数字或阿拉伯数字是唯一通用的符号（比拉丁字母的使用范围更广）。可以想象，假如没有阿拉伯数字，全球范围内的科技、文化、政治、经济、军事和体育等方面的交流将变得十分困难，甚至不可能进行。

阿拉伯数字是随着阿拉伯人鼎盛时期的远征传入北非的，从埃及到摩洛哥，再跨过直布罗陀海峡来到西班牙。一位叫斐波那契的意大利人曾游历北非，受教于穆斯林数学家。他回到意大利以后，于1202年出版了一部数学著作，这是阿拉伯数字传入穆斯林以外的欧洲的里程碑。这与同时期中国造纸术的传播路线几乎一致，两者都对稍后的意大利文艺复兴有积极的促进作用。

有意思的是，也是在13世纪，威尼斯商人马可·波罗（Marco Polo）实现了欧洲人对东方的探访，并有一部声名显赫而富有争议性的游记传世。其时横跨欧亚大陆的君士坦丁堡仍战乱纷起，马可·波罗一行不得不穿越地中海经由北非抵达中东。也就是说，他是沿着逆时针方向，即与阿拉伯数字传播路线相反的方向行进。记住了这一点，就不会混淆两者的路线。

　　根据一个相对完整的《马可·波罗游记》版本，1271 年的一天，马可·波罗和他的父亲、叔父一起，乘船从故乡威尼斯出发。他们首先到达的是地中海东岸的以色列港口城市阿卡。虽说在维基百科中，这一航程只画出了最后一段，但依照游记中的记载，他们乘坐的船只曾经停靠在北非的某个港口。

意大利纸币里拉上的马可·波罗（1982 年版）

　　之后，波罗一家从陆路去了黑海南岸隶属今天土耳其的特拉布宗，当时它是科穆宁王朝的都城，再从那里转向东方，穿越伊朗高原和帕米尔高原进入中国。24 年以后，他们从福建泉州出发，从海路到达波斯湾，上岸后再次经停特拉布宗。当时拜占庭帝国的局势已没有那么紧张，因此他们没再绕道中东和北非，而是先渡过博斯普鲁斯海峡，再穿过南欧，最终回到威尼斯。

　　有趣的是，虽说印度数字被误当作阿拉伯数字，但阿拉伯人却不买账。在全球范围内得到最广泛使用的数字到了阿拉伯国家并不受当地人待见，甚至可以说街头难觅，依旧是阿拉伯文数字最为流行。这多少会让初来乍到的异乡人感到陌生，对此阿拉伯人却不在意。

埃及汽车牌号，用两种数字体系书写

　　毕竟只有 10 个字符，异乡人在阿拉伯国家生活一段时间后，就会逐渐习惯阿拉伯文数字。众所周知，每种文字里都有对应 1、2、3、4 的数字词汇，例如中文的"一、二、三、四"，英文的"one, two, three, four"。阿拉伯人拥有一套自己的数字系统，这并不稀奇。只不过它们的使用率很高，即便汽车的车牌号码，也是阿拉伯文数字和阿拉伯数字并用，这成为一道独一无二的风景。

　　最后，值得一提的是，仅在一个世纪以前，中国的状况与现在的阿拉伯国家并无二致，民间普遍使用数字"一、二、三、四"或"壹、贰、叁、肆"。阿拉伯数字虽然早在 13 世纪前后就由回民传入内地，17 世纪又由欧洲传教士传入东部沿海地区，但真正被广泛使用却是在 20 世纪初，伴随着近代数学的兴起。如今，阿拉伯数字已是我们生活中不可或缺的一部分。它与马可·波罗传奇的旅行一样，至今仍然让人津津乐道。

公鸡、母鸡、雏鸡与兔子

没有任何智慧可以不经由感觉而获得。

——［意］托马斯·阿奎那

唐朝的数学教科书

639 年，阿拉伯人大举入侵埃及，当时埃及受制于拜占庭帝国。拜占庭军队与阿拉伯人交战三年之后被迫撤离埃及，亚历山大学术宝库里仅存的著作被入侵者付之一炬，希腊文明至此落下了帷幕。此后，埃及才有了开罗，埃及人改说阿拉伯语并信奉伊斯兰教。

那时中国正逢大唐盛世，唐太宗李世民在位。唐朝是中国封建社会最繁荣的时代，疆域也不断扩大，首都长安（西安）成为各国商人和名士的聚集地，中国与西域、东瀛等地的交往十分频繁。

虽说唐代在数学上并没有产生与它之前的魏晋南北朝或它之后的宋元相媲美的大师，却在数学教育制度的确立和数学典籍的整理方面有所建树。唐代不仅沿袭了北朝和隋代开启的"算学"制度，也设立了"算学博士"的官衔。

在古代中国，"算学博士"并非最早的专精一艺的官衔，西晋便置"律学博士"，北魏则增"医学博士"。除了算学博士官衔，唐代还在科举考试中设置了数学科目，给通过者授予官衔，不过级别最低，且到晚唐就废止了。

事实上，唐代文化氛围的主流是人文主义，而不太重视科学技术，这与意大利的文艺复兴时期颇为相似。存在近三个世纪的唐朝虽说在诗歌领域星光璀璨，在数学方面却表现平平，最有意义的成就莫过于《算经十书》的整理和出版，这是唐高宗李治下令编撰的。

奉诏负责这 10 部算经编撰和注释工作的是李淳风，他是岐州雍县（今属陕西宝鸡）人，自幼聪慧好学，博览群书，尤其精通天文、历法和数学。李淳风年轻时成为秦王李世民的幕僚，后来得以执掌负有天文、地理、制历、修史之职的太史局，在朝 40 多年，晚年辞官隐居阆中（今属四川南充），并在那里逝世。

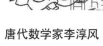

唐代数学家李淳风　　　　　　淳风祠。作者摄于四川阆中

李淳风在天文学方面成就斐然，在堪称世界上最早的气象学著作《乙巳占》里，他把风力分为 8 级（加上无风和微风则为 10 级）。直到 1805 年，一位英国学者才把风力划分为 0~12 级。

在这 10 部算经中，有作者不详的古典数学名著《周髀算经》和《九章算术》，也有数学家刘徽的《海岛算经》和祖冲之的《缀术》。刘徽、祖冲之与祖冲之的儿子祖暅共同给出了球体积计算公式和圆周率（精确到小数点后 7 位）。此外，至少还有三部算经值得一提，分别是《孙子算经》、《张丘建算经》和《缉古算经》。

6 世纪的北周数学家甄鸾（河北无极人）虽只活了 31 岁，却贡献了其中的两部算经——《五曹算经》和《五经算术》，但其价值更多体现在人文社科方面。前一部主要服务于相应的社会经济制度，可谓地方官员的应用数学教程，对它的研究有助于了解当时的社会背景。后一部对儒家经典中与数学有关的叙述详加注释，对经学研究者有一定帮助。

《算经十书》成为唐代和之后各朝代的数学教科书，对中国数学的发展产生了巨大影响，特别是为宋元时期数学的高度发展并领先世界创造了条件。著名的英国科学史家李约瑟博士对李淳风十分赞赏，"（李淳风）大概是中国历史上最伟大的数学著作注释家"。

公鸡、母鸡与雏鸡

《孙子算经》、《张丘建算经》和《缉古算经》的共同特点是，每一部都提出了一个非常有价值的问题，并世代相传。例如，《孙子算经》里著名的"物不知数"问题，导出了闻名于世的中国剩余定理，被收入了中外的每一部数论教科书。《缉古算经》是世界上最早讨论三次方程解的数学著作。

《张丘建算经》成书于 5 世纪，作者张丘建（又名张邱建）是北魏人。当时是北魏中期，都城设在平城（今山西大同），统治者是鲜卑族人。

北魏通过改革，社会经济由游牧经济转变为农业经济，实行了俸禄制、均田制、汉化政策等，极大地促进了经济社会的发展和民族的融合。虽然后来北魏迁都洛阳，

宋抄本《张丘建算经》扉页

但大同今天仍有"第九古都"的美誉，世界文化遗产之一的云冈石窟也是北魏留给子孙后代的宝贵财富。

张丘建的家乡在清河县（今属河北邢台），他所著的算经中最后一道题堪称亮点，通常被称为"百鸡问题"，民间则流传着县令以此问题考问神童的故事。原文如下：

> 今有鸡翁一，直钱五；鸡母一，直钱三；鸡雏三，直钱一。凡百钱买鸡百只，问鸡翁、母、雏各几何？

意思是，公鸡每只 5 钱，母鸡每只 3 钱，而小鸡三只才 1 钱。假设有 100 钱，去买 100 只鸡（钱必须用光），应买多少只公鸡、母鸡和小鸡？

设购买的公鸡、母鸡和小鸡的数量分别是 x、y、z，此题相当于解下列方程组的正整数解：

$$\begin{cases} x + y + z = 100 \\ 5x + 3y + \dfrac{z}{3} = 100 \end{cases}$$

在张丘建生活的时代，中国尚未引进字母，也没有未知数的概念，用文字叙述这样的方程组并不容易。可是，张丘建正确地给出了全部三组解答，即（4，18，78），（8，11，81），（12，4，84）。他通过消元法，先把两个三元一次方程化简成一个二元一次方程，即

$$7x + 4y = 100$$

再依次取 x 为 4 的倍数，最终得出上述三组解答。

这个问题在中国民间流传甚广，堪称数学普及的典范。类似的问题在国外直到很久以后，才由 13 世纪的意大利人斐波那契和 15 世

纪的阿拉伯人卡西（Kashi）提出并加以研究。遗憾的是，张丘建和其他中国数学家没有乘胜追击对这个问题进行总结。此类方程后来被称为丢番图方程，以最早搜集、研究和整理它们的希腊数学家丢番图（Diophantus）的名字命名。

中世纪的意大利

正当中国、印度、阿拉伯在数学等诸多领域做出新贡献时，欧洲却处于漫长的黑暗时代。这段历史始于 5 世纪罗马文明的瓦解（刚好是张丘建所生活的北魏时期），结束于欧洲文艺复兴开始之时，总计长达 1 000 多年。

意大利的人文主义者之所以称其为"中世纪"，是为了凸显他们的工作和理想，并与古希腊和古罗马时期遥相呼应。不过，那时在亚平宁半岛，数学家的境况不算太糟。罗马教皇西尔维斯特二世非常喜欢数学，他能够登基也与这个嗜好有关，可谓数学史上的一大传奇。

这位教皇本名热尔贝，在成为教皇之前是一位学者，曾做过罗马帝国太子的家庭教师。据说他还做过算盘、地球仪和时钟，他撰写的一部几何学著作解决了当时的一个难题：已知直角三角形的斜边和面积，求出它的两条直角边的边长。

在热尔贝任罗马教皇期间，欧洲迎来了科学史上赫赫有名的翻译时代。因为在经过数个世纪的战争洗劫后，希腊的数学和科学著作在欧洲早已荡然无存，但好在它们经阿拉伯人之手

爱数学的教皇热尔贝

又回到了欧洲。除了欧几里得、阿基米德（Archimedes）、托勒密和阿波罗尼奥斯（Apollonius of Perga）等人的名著以外，被译成拉丁文的著作还有阿拉伯人自己的学术结晶，例如花拉子密的《代数学》。这些翻译工作一直持续到 12 世纪。

在同一时期，地中海一带经济力量的重心从东部缓慢地移至西部。这种变化首先源自农业的发展，种植豆类使得人类在历史上首次有了食物上的保证，人口因此迅速增长，这是导致旧的封建社会结构解体的一个因素，也使学术的传播成为可能。

到了 13 世纪，不同种类的社会组织在意大利各个城邦层出不穷，包括各种行会、协会、市民议事机构和教会等，它们迫切希望获得某种程度的自治。重要的代议制度有了发展，终于产生了政治议会，其成员有权做出决定，且对于选举他们的全体公民具有约束力。

在艺术领域，哥特式建筑和雕塑的经典模式已经形成，文化生活领域则产生了经院哲学的方法论，这方面的杰出代表是托马斯·阿奎那（T. Aquinas）。这位出生在那不勒斯的一座城堡里的哲学家，被天主教徒视为历史上最伟大的神学家之一，他从亚里士多德的理论中获得了许多启示，把理性引入神学，促使保守的教徒们第一次正视科学的理性主义。

阿奎那认为，神学的主要研究对象是上帝，上帝在存在上并不依靠物质，相反它能够脱离物质而存在，因而神学是"第一哲学"。其次是数学，它以"在存在上依靠物质，在概念上并不依靠物质"的对象（例如线和数）为研究对象。再次是物理学，它以"在存在和概念上都依靠物质"的对象为研究对象。阿奎那还强调，"没有任何智慧可以不经由感觉获得"。

斐波那契的兔子

在相对开放的政治和人文氛围中，数学领域也不甘落后，出现了中世纪欧洲最杰出的数学家斐波那契。他出生在比萨，年轻时随身为政府官员的父亲前往北非的阿尔及利亚，在那里接触到阿拉伯人的数学并学会用印度—阿拉伯数字做计算。

后来，斐波那契又到过埃及、叙利亚、拜占庭和西西里等地，学到了东方人的计算方法。回比萨后不久，他就撰写并出版了著名的

斐波那契像，他发明了分数中间的横线

《算经》。他出名以后，很快就成为酷爱数学、诗歌和美女的神圣罗马帝国皇帝腓特烈二世的宫廷数学家。

斐波那契既是欧洲数学复兴的先锋，也是东西方数学交流的桥梁。16 世纪的意大利数学家、三次和四次方程解法的集大成者卡尔达诺（G. Cardano）这样评价他的前辈："我们可以假定，所有我们掌握的希腊以外的数学知识都是由于斐波那契的出现而得到的。"

《算经》的第一部分介绍了数的基本算法，并介绍了不同进制之间的转换方法。他率先使用了分数中间的那条横线，这个记号沿用至今。第二部分是商业应用题，其中有"30 钱买 30 只鸟"，与"百钱买百鸡"如出一辙。

"今有 30 只鸟值 30 钱，其中每只山鹑值 3 钱，每只鸽子值 2 钱，一对麻雀值 1 钱，问每种鸟各多少？"9 世纪的埃及数学家阿布－卡米尔（Abū-kamil）的著作中出现了"百鸡问题"，一般认为是由印度

传入的。斐波那契在旅途中接触并受到阿布－卡米尔著作的影响，由此我们可以推测，此类问题是由中国经印度、阿拉伯传入欧洲的。

第三部分是杂题和怪题，其中以"兔子问题"最引人注目。这个问题是：每对大兔每月能生产一对小兔，每对小兔过两个月就能成为可以繁殖的大兔。由一对小兔开始，一年后将会有多少对兔子？依据"兔子问题"，很容易得到所谓的"斐波那契数列"：

$$1, 1, 2, 3, 5, 8, 13, 21, 34, \cdots$$

这个数列的递归公式（可能是数学家发现的第一个递归公式）是：

$$F_1 = F_2 = 1, F_n = F_{n-1} + F_{n-2} \ (n \geqslant 3)$$

有意思的是，这个整数数列的通项竟然是一个含有无理数$\sqrt{5}$的式子，而且前一项与后一项的比值的极限竟然是古希腊的毕达哥拉斯学派定义的黄金分割率（参见下一个故事）。

斐波那契数列出现在许多数学问题中，它还可以帮助解决诸如蜜蜂的繁殖、雏菊的花瓣数和艺术美感等方面的问题。在丹·布朗的畅销小说《达·芬奇密码》中，斐波那契数列还被用作保险柜的密码。

举一个有趣的爬楼梯的例子。假设你可以一步上一个台阶，也可以一步上两个台阶。试问，爬一段有 n 个台阶的楼梯有多少种方式？

设共有 a_n 种方式，已知 $a_1 = 1$，$a_2 = 2$。假设第一步上了一个台阶，则还有 a_{n-1} 种选择；假设第一步上了两个台阶，则还有 a_{n-2} 种选择。这样一来，就得到

$$a_n = a_{n-2} + a_{n-1}$$

比较这个算式和递归公式以及初始值，即可得出 $a_n = F_{n+1}$。

从斐波那契留下来的画像来看，他的神韵颇似晚他三个世纪的同

胞画家拉斐尔（Raffaello）。斐波那契常常以旅行者自居，人们喜欢称他为"比萨的莱奥纳多"，而把《蒙娜丽莎》的作者称为"芬奇的莱奥纳多"。

1963 年，一群热衷研究"兔子问题"的数学家成立了国际性的斐波那契协会，并着手在美国出版《斐波那契季刊》（*Fibonacci Quarterly*），专门刊登与斐波那契数列有关的数学论文。同时，他们还在世界各地轮流举办两年一度的斐波那契数列及其应用的国际会议。这在世界数学史上可谓一个奇迹或神话。

Parthenon, o Tempio di Minerua in Atene

黄金分割与五角星的故事

发现音乐与数字比例之间的秘密，这大概是物理学定律的第一次数学公式表达。

——［美］乔治·伽莫夫

黄金分割和黄金矩形

黄金分割是指将整体一分为二，较大部分与整体的比值等于较小部分与较大部分的比值。这个比值约为 0.618，被公认为最美的比例，叫作黄金分割比或黄金分割率。

如果用线段表示，就是把一条线段 AB 分割为两部分，

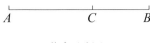

黄金分割比

使较长部分 AC 与全长 AB 的比值等于较短部分 CB 与较长部分 AC 的比值，即

$$\frac{AC}{AB} = \frac{CB}{AC}$$

设 $AC = a$，$CB = b$，则得 $a^2 = b(a+b)$。经过移项配方，可得

$$(a - \frac{b}{2})^2 = \frac{5}{4}b^2$$

开方再合并同类项，得到 b 与 a 的比值为

$$\frac{2}{\sqrt{5}+1} = \frac{\sqrt{5}-1}{2} \approx 0.618$$

当线段长度 a 和 b 满足上述比例关系时，C 点就被称为"黄金分割点"。

除了黄金分割，还有黄金矩形，即短边与长边之比为 0.618 的矩形。黄金分割和黄金矩形都能给人以美感，令人愉悦。我们在很多艺术品和大自然中都能找到它，希腊雅典的帕特农神庙就是一个很好的例子，达·芬奇画中人物的脸部构图也符合黄金矩形。

任给一条线段，如何作延长线，使延长线与该线段的比为黄金分割比？古希腊人的方法是先作出一个黄金矩形，黄金分割比自然而然就有了。如下图所示，先作一个边长为 1 的正方形 ABCD，连接上下两条边的中点 E 与 F，把正方形均分为左右两部分。

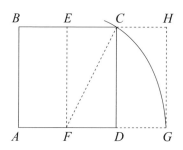

黄金分割比和黄金矩形作图法

以 F 点为圆心、FC 为半径画圆弧，交 AD 的延长线于 G 点。过 G 点作垂线，交 BC 的延长线于 H 点，则四边形 ABHG 就是一个黄金矩形。这是因为，由毕达哥拉斯定理（勾股定理）可知，

$$FG = FC = \sqrt{1+(\frac{1}{2})^2} = \frac{\sqrt{5}}{2}$$。所以矩形 ABHG 的宽与长的比为

$$\frac{AB}{AG} = \frac{1}{\frac{1}{2}+\frac{\sqrt{5}}{2}} = \frac{\sqrt{5}-1}{2} = 0.618\cdots$$

对线段 AG 而言，D 点就是黄金分割点。

五角星与正五边形

五角星是 5 条等长的线段构成的星形图案。如下图所示，它的每个尖角都是 36 度。

五角星图案

五角星可能最早出现在两河流域的美索不达米亚。在苏美尔人发明的象形文字中，五角星表示墙角、隐蔽处、小房间、空洞、陷阱等意思。而在古巴比伦文明中，它又有了占星术的意味，代表 5 个星球：木星、水星、火星、土星和金星。

一直以来，五角星都与人类对金星的崇拜有密切关系。在造成这一关系的各种可能的原因里，最可信的是古代天文学家的观察。在地球上遥望天空，金星的绕日轨道每 8 年重复一次，它自成的 5 个交叉点恰好构成一个近乎完美的五角星。

在太阳系的八大行星里，地球离太阳是第三近的，金星离太阳是第二近的。金星绕太阳的公转周期约为 224.70 地球日，这个数字与地球的公转周期 365.26 天的比值接近于黄金分割率。事实上，地球每绕太阳运行 8 圈，差不多相当于金星绕太阳运行 13 圈，8 和 13 是两个相邻的斐波那契数（斐波那契数列的第 6 项和第 7 项）。

由五角星可以得到正五边形，只要把 5 个顶点连接起来或把 5 个伸展出来的三角形去掉就可以了。反之，有了正五边形之后，分别延长 5 条边，原本不相接的两边相交之后，连同原先的正五边形，就构成了一个大的五角星。有意思的是，美丽的牵牛花外形是正五边形，而花蕊恰好是五角星。

美丽的牵牛花。作者摄于张家口

可以证明，五角星（或正五边形）中也存在着黄金分割率，而且错综复杂。举例来说，任取五角星所包含的那个正五边形的一个顶点，它与五角星最近的尖点的距离，与它到这两点连线延长线上的另一五角星尖点的距离的比值，恰好是黄金分割率，即 0.618…。

五角星是毕达哥拉斯学派的徽章，据说门徒们身上都佩戴着这样的徽章。由此可见，毕达哥拉斯（Pythagoras）和他的门徒们已经知道黄金分割率了。事实上，毕达哥拉斯生活的年代要比帕特农神庙的兴建时间早，这就合乎情理了。

传说公元前 6 世纪的一天，毕达哥拉斯走过一个铁匠铺时，觉得铁匠打铁的声音很好听，便驻足倾听。毕达哥拉斯发现打铁声音的高低与铁锤的重量有关，于是，他比较了不同重量的铁锤发出的不同音高之间的比例关系，从而测量出各种音调的数学关系，这可能就是他后来探究黄金分割率的开始。

在发现了音乐中的数字比例之后，毕达哥拉斯进一步提出了"万物皆数"的观点，这是他"宇宙和谐论"的主要论点，后来被柏拉图所继承。以倡导宇宙起源于"大爆炸"的理论而闻名的俄裔美国物理学家乔治·伽莫夫（G. Gamow）曾经赞叹："发现音乐与数字比例之间的秘密，这大概是物理学定律的第一次数学公式表达。"

因为黄金分割率是无理数，不能表示成两个正整数的比值，因此要精确地画出五角星，徒手或只用直尺是不可能做到的。在一些非正式的图形中，不精确的五角星反而给人轻松的感觉，但用在国旗、国徽中或其他正式场合，五角星则必须是精确的，这就需要借助工具——圆规和直尺（可以没有刻度）来作图了。这种方法被称为尺规作图法，又叫欧几里得作图法。

五角星有不同的作图法，下面这种方法比较简洁，但要完全理解还需动些脑筋，读者不妨先行跳过。

1. 在白纸上画一个任意半径的圆 O，在其中画两条互相垂直的直径 AB 和 CD。取 OB 的中点 E，连接 CE，如下页图 a。

2. 以 E 为圆心，CE 的长为半径画圆弧交 OA 于点 F。以 C 为圆心，CF 的长为半径画圆弧交圆 O 于点 G，再以点 G 为圆心，CF 的长为半径画圆弧交圆 O 于点 H，以此类推，得到点 M、N，这样，C、G、H、M、N 五个点即为圆 O 的五等分点，如下页图 b。

3. 连接 CH、CM、GM、GN 和 HN，即得到五角星，如下页图 c。

1796 年，不满 19 岁的德国青年高斯（C. F. Gauss）证明上述作图法可以推广，并发现了它与著名的费尔马素数之间的秘密关系。

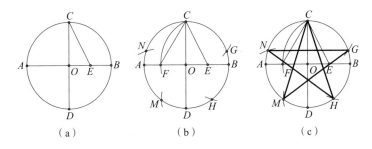

（a）　　　　　　（b）　　　　　　（c）

五角星的欧几里得作图法

所谓费尔马素数是形如

$$F_n = 2^{2^n} + 1$$

的素数。已知 $F_0 = 3$，$F_1 = 5$，$F_2 = 17$，$F_3 = 257$，$F_4 = 65537$ 均为素数，1642 年，法国数学家费尔马（Fermat）曾猜测对所有的非负整数 n，F_n 均为素数。但在 1732 年，客居俄罗斯的瑞士数学家欧拉（L. Euler）发现，641 是 F_5 的真因子，因此 F_5 是合数。到目前为止，还没有人发现一个大于 5 的整数 n，使得 F_n 是素数。可是，也没有人能够证明费尔马素数仅有 5 个。

高斯给出了正十七边形的欧几里得作图法，解决了 2 000 多年前古希腊人留下的数学难题。从那以后，他便下决心献身数学，后来成为同行赞誉的"数学王子"。只不过，正十七边形不再与黄金分割率有关，而是与 $(\sqrt{17} - 1)/2$ 这个数有关。

从柏拉图到开普勒

帕特农神庙建于公元前 477 年至前 432 年，它坐落在希腊首都雅典卫城的最高点上，是为了庆祝雅典战胜波斯而建。帕特农是雅典保护神雅典娜的别号，意为"处女"。这座神庙历经2 500多年的沧桑巨变，如今庙顶坍塌，雕像荡然无存，浮雕剥蚀严重，但从仍巍然屹立的柱廊不难想象神庙当年的雄伟，可以说它代表了古希腊建筑和雕刻艺术的最高水准。

修道士想象中的帕特农神庙

从外表看，帕特农神庙气势非凡，光彩照人。它在继承传统的基础上又有许多创新。神庙的南北长、东西短，东西两面各宽31米，顶部距离地面19米。也就是说，其立面的高与宽比例为19∶31，接近古希腊人喜爱的"黄金分割率"。庙内原有一尊黄金和象牙镶嵌的雅典娜女神像，由著名雕塑家菲迪亚斯（Phidias）创作，女神身材的比例（肚脐高与身高之比）也符合黄金分割率。

在帕特农神庙建成的一个世纪以后，哲学家柏拉图在他的著作《蒂迈欧篇》里提到了5种仅有的正多面体，即正四面体、正六面体（正方体）、正八面体、正十二面体和正二十面体，世人称之为"柏拉图多面体"。但也有人认为它们并非柏拉图本人的发现。

公元前 3 世纪，希腊数学家欧几里得在《几何原本》里第一次给出了黄金分割率的严格定义，他称之为"中外比"。此书共 13 卷，这个定义出现在第 6 卷，并随着 1607 年利玛窦和徐光启合作的《几何原本》前 6 卷简译本而被引入中国。在第 8 卷，欧几里得在讲述正十二面体和正二十面体的构成时，反复利用了"中外比"及其相关性质。

之后，中世纪欧洲最著名的数学家、意大利人斐波那契在他的《算经》里提出了"兔子问题"，引出了斐波那契数列。如前文所说，这个数列的前两项均为 1，从第三项开始，每一项都是前两项的和，即 $F_n = F_{n-2} + F_{n-1}$。

更为有趣的是，斐波那契数列前一项与后一项比值的极限趋近于黄金分割率。即

$$\frac{F_n}{F_{n+1}} \to 0.618\cdots(n \to \infty)$$

不过，这一事实直到 4 个世纪以后的 1611 年，才被德国天文学家、数学家开普勒（J. Kepler）发现。他还从柏拉图多面体中获得启示，相信天体的运行轨道应是几何图形，由此提出了行星运动的三大定律。至于这个极限的证明，则要等到 19 世纪，由法国数学家比内（J. P. M. Binet）给出，利用以他自己的名字命名的公式。

1909 年，美国数学家马克·巴尔（M. Barr）建议，用希腊大写字母 Φ 来表示黄金分割率，并沿用至今。除此以外，人们还用它对应的小写字母 ϕ 或 φ 来表示黄金分割率的倒数 1.618…。

除了古典艺术以外，黄金分割率在 20 世纪的艺术领域里也有应用。1912 年巴黎举办过黄金分割画派的展览，参展的有后来移居美国的法国画家马塞尔·杜尚（M. Duchamp）。在西班牙画家萨尔瓦多·达

利（S. Dali）和瑞士建筑师勒·柯布西埃（Le Corbusier）的作品里，也都有黄金矩形这一元素。1953 年，美国统计学家杰克·基弗（J. Kiefer）提出了优选学中的黄金分割法，20 世纪 70 年代中国数学家华罗庚对其进行了推广。

自行车的发明与黎曼几何学

当人想要模仿行走的时候，他创造出了和腿并不相像的轮子。

—— [法] 阿波利奈尔

谁发明了独轮车？

自行车的发明，让乡村的小伙子们能够去遥远的村庄寻找他们心仪的女孩子。我所认识的已故美国作家戈尔·维达尔（G. Vidal）因此认定，自行车的发明使得世界人口有了少许增长。在自行车发明之前，人类早已发明了有轮子的手推车。大约在公元前1500—前900年完成的印度医学典籍《梨俱吠陀》（*Rigveda*）里，就有这样的诗句：

> 男人与女人相互平等
> 一如手推车的两个轮子

这部典籍是印度医学之源，也是吠陀教的经典文献《吠陀》中的一部。全书用诗的语言写成，"吠陀"的本义是知识，"梨俱"是赞美诗的意思。

直到19世纪60年代，为躲避宗教迫害，从东海岸的纽约移民到西部犹他州盐湖城的摩门教徒们，在首领杨百翰（Brigham Young）的带领下，依靠手推车完成迁移。如今，以杨百翰命名的大学作为美国最大的教会大学、历史第三悠久的私立大学以及拥有一个频繁参加国际演出的歌舞团而闻名。

手推车通常分为独轮、两轮、三轮和四轮这4种。虽说多轮运货车大约在5 000年前就已经出现，但独轮车的发明却要迟许多。一般认为，独轮车是由古希腊人发明的，可是证据少得可怜，仅有两张

发现于阿提卡半岛的古代建筑物资清单，时间是公元前 408 年至前
406 年。

印度南方的四轮手推车。作者摄于班加罗尔

清单上出现了 monokyklou、dikyklos 和 tetrakyklos 字样，后两者
的意思分别为"双轮车"和"四轮车"；而 mono 有单一之意，再加上
非复数后缀，因此 monokyklou 被解释为独轮车是合理的。但实际上，
在整个古希腊时期，都没有其他关于独轮车的文字、图像或实物留存
下来。

除了希腊，中国也被视为最早发明独轮车的国家。独轮车的图
像出现在四川和山东发掘的汉墓壁画及浮雕中，按文字记载，独轮车
的概念来自三国时期的蜀国丞相诸葛亮。陈寿的《三国志》里记载有
"木牛流马，皆出其意"，经后人考证，木牛流马就是独轮车。到了宋
代，高承所撰《事物纪原》也将独轮车的发明归功于诸葛亮。

早些时候，在主要取材于西汉经学家刘向所著《孝子传》的
《二十四孝》一书中，有自幼丧母的董永用"鹿车"载父的故事。"鹿
车载自随"，鹿车正是独轮车的别称。董永后来卖身葬父，成为孝子

的模范，他的故乡湖北孝感因此得名。那里还流传着"董永与七仙女"的爱情故事和"一日夫妻百日恩"的俗语。

在范晔的《后汉书》里，也有两则与鹿车有关的故事。其一是"共挽鹿车"。大夫鲍宣的新娘少君出自有钱人家，嫁妆丰厚，但鲍宣拒绝接受。于是少君便把华丽的服饰全部收起来，改穿简朴衣裳，与鲍宣一起推着鹿车去了鲍宣家。拜见婆母后，她就提着水瓮去汲水，奉行做媳妇的礼节，获得乡亲称赞。

其二发生在23年。赤眉起义爆发，赤眉军杀死西汉最后一个皇帝刘玄，大臣赵憙也被包围，只得从房上逃走。与他同行的还有好友韩仲伯，韩因妻子长得漂亮，担心贼兵强暴她并连累自己受害，于是决定丢下她。赵憙责骂韩仲伯，又将泥涂在韩妻脸上，把她装上鹿车，亲自推行。每遇贼兵，赵憙就说她病重，得以免受污辱并逃脱。

自行车的发明者

1866年，清朝派出首个出洋考察团，19岁的辽宁铁岭少年张德彝随行。回国后他在游记《航海述奇》里使用了"自行车"一词，这是该词在汉语里首次出现。除了自行车，电报、螺丝等中译名也是张德彝首先使用的，他还介绍了蒸汽机、升降机、缝纫机、收割机、管道煤气、巧克力，等等。

关于自行车的发明，流传着这样一个故事：1790年的一天，一位叫西夫拉克的法国青年行走在巴黎的一条小街上，受疾驰而过的马车启发，设计出最初的自行车原型。不过，如今的历史学家大多认为，自行车是在19世纪初才诞生的。

此时，离马车（还有牛车、驴车）的诞生已过了4 000多年。大约在公元前 2000 年，黑海附近的草原部落骑马来到底格里斯和幼发拉底之间的两河流域，并开始用马来拉有轮子的车。这些马车不仅拉货运物，也载人。之后，马车逐渐成为世界各国主要的交通和运输工具。

1817 年，德国人德莱斯（K. Drais）给自行车装上了车把，用来控制方向，次年在巴黎做了第一次展示。实用的自行车则要等到 1861 年，法国人米肖父子（P. Michaux 和 E. Michaux）在自行车的前轮上安装了曲柄，无须踩地，用脚蹬就可以驱动车轮前进。第二年，他们制造了 140 多辆自行车，第 5 年的产量达到 400 辆。1879 年，英国人劳森（H. Lawson）为自行车装上链条；1888 年，爱尔兰兽医邓禄普（J. Dunlop）发明了充气轮胎。

至于张德彝在他的游记中所描述的在伦敦街头见到的自行车，应该还没有链条和充气轮胎。"前后各一轮，一大一小，大者二尺，小者尺半，上坐一人，弦上轮转，足动首摇，其手自按机轴，而前推后曳，左右顾视，趣甚。"

小米肖的自行车（1868）

其实，中国也有关于自行车发明的史料记载，那是在清朝康熙年间，发明者是扬州人黄履庄。据《清朝野史大观》记载："黄履庄所制双轮小车一辆，长三尺余，可坐一人，不须推挽，能自行。行时，以手挽轴旁曲拐，则复行如初，随住随挽日足行八十里。"

黄履庄的表兄弟为他书写的小传里也提到此事，那年黄履庄还不到 28 岁。遗憾的是，黄履庄的自行车既没有保留下来，也没有得到推广，这是一件非常令人惋惜的事。黄履庄在工程机械制造方面有很深的造诣，除了自行车，他一生发明无数，被后人誉为"中国的爱迪生"。

黄履庄的发明远近闻名，并传到了安徽宣城梅文鼎的耳朵里。梅文鼎是清代最著名的数学家，大学士李光地曾邀其住到京城自己的家中，向他学习数学和天文。后来经李光地推荐，康熙召见了梅文鼎，在南巡的御舟中两人曾连续三天谈论数学，康熙还亲书"绩学参微"四字以资鼓励。黄履庄去世后，其坟墓由江宁织造、作家曹雪芹的父亲奉旨建造。

梅文鼎听到黄履庄发明许多奇器的传言，将信将疑，亲自到扬州登门拜访。当他来到黄家，举手敲门，门边的一条狗突然朝他大叫，梅文鼎不知所措。这时候黄履庄开门来迎，只见他拍拍狗的脑袋，它就乖乖地躺下，不再吠叫了。

梅文鼎顿时眼界大开，原来这是黄履庄特制的木狗，有人来敲门时就会发出狗叫声，起到门铃的作用。遗憾的是，作为数学家的梅文鼎并未发现，黄履庄发明自行车的亮点在于，用两个圆圈代替两条直线（行走的双腿），也就是直线与圆概念的互换。在现代数学中，圆和直线是可以等价的。

神行太保与机器人

发明一种机械代替人的行走，或像鸟一样飞翔，这是人类存在已久的梦想。明代小说家施耐庵的《水浒传》描写的是距今 1 000 多年前北宋的故事。其中有个人物叫戴宗，绰号"神行太保"，他是我孩提时代艳羡之人。戴宗原在江州（今江西九江）做官，为救助宋江，他伪造了蔡京书信，被识破后入伙梁山。戴宗在梁山好汉榜上排行第20，职司为总探声息头领，可谓如今信息社会的先行者。

戴宗有道术，每当他把甲马拴在腿上，就能日行八百里，为梁山五绝之一。《水浒传》第 39 回有一首《西江月》词描写了他的神行法："顷刻才离乡镇，片时又过州城。金钱甲马果通神，万里如同眼近。"那么，究竟何为甲马呢？在我小时候的想象里，甲马是一根短小的棍子，像田径比赛的接力棒，绑在腿上。用直线代替直线，这无疑是模仿，一种较为简单的想象力。

按评书的说法，戴宗跑得快是因为他有一匹古怪坐骑，集中国十二生肖的特征于一身。再细看《水浒传》，甲马每次用后都要烧掉。同样是在第 39 回，戴宗夜宿客店，"解下甲马，取数陌金纸烧送了"。既然如此，甲马应与纸钱一样是纸制品，它是供神灵升天时骑用的。戴宗的道术即在于此，他利用了神灵享有的权利。但甲马不能白用，所以每次用过之后，都要用纸钱一起烧送。

有时候，写作会是一种预言。1920 年，捷克作家卡雷尔·恰佩克（K. Čapek）出版了剧本《罗素姆万能机器人》，其中有位名叫罗素姆的哲学家研制出一种机器人，被资本家大批制造出来充当劳动力。可是，如果世界上充满了机器人，人类就会停止生育而面临末日。因此作者描写了一对会恋爱和生育的机器人，以此暗示人类将免遭灭亡。

次年，这出极富想象力的戏上演后轰动了欧洲。卡雷尔所创造的"机器人"角色"robot"，已被西方主要语言接纳，这部作品也被译成各种文字。不过，"robot"一词是由卡雷尔的画家哥哥约瑟夫发明的，他依据捷克文"robota"（劳役）创造出来。卡雷尔曾7次获得诺贝尔文学奖提名，后因肺病英年早逝，约瑟夫则死于纳粹集中营。

在恰佩克的剧本出版19年以后，美国西屋电器公司便在纽约世博会上展出了第一台家用机器人。1956年和1959年，第一台可编程序机器人和第一台工业机器人分别获得专利。之后，各式各样的机器人如雨后春笋般地在世界各地被发明出来。

早在1942年，22岁的美国科幻小说家艾萨克·阿西莫夫（I. Asimov）就在一部短篇小说《环舞》（Runaround）中订立了所谓的"机器人三定律"，成为业界普遍认可的研发准则。

> 一是机器人不得伤害人类，或袖手旁观坐视人类受到伤害；
> 二是除非违背第一法则，机器人必须服从人类的命令；
> 三是在不违背第一和第二法则的情况下，机器人必须保护自己。

不知清朝的扬州人黄履庄发明的那只木狗，可否算作机器人的前身呢？

黎曼的非欧几何学

欧几里得建立的欧氏几何，在数学的严格性和推理性方面树立了典范，2 000多年来，它始终保持着神圣不可动摇的地位。不仅数学家们相信欧氏几何是绝对真理，许多哲学家也都认定欧氏几何是明白的和必然的，康德（I. Kant）在《纯粹理性批判》中甚至声称，物质世界必然是欧几里得式的。

相反地，早在 1739 年，即康德上大学的前一年，苏格兰哲学家休谟（D. Hume）却在一本著作中否定宇宙中的事物有一定法则。休谟的不可知论表明，科学是纯粹经验性的，欧几里得的几何定理未必是真理。

事实上，欧氏几何并非无懈可击。从它诞生那一刻起，就有一个问题一直困扰着数学家们，那就是欧几里得第五公设，也称平行公设。它的叙述不像其他 4 条公设那样简单明了，这条被法国数学家达朗贝尔（d'Alembert）戏称为"几何学的家丑"的著名公设可以这样叙述：

过已知直线外一点，能且仅能作一条直线与已知直线平行。

自古以来，许多数学家都曾尝试证明平行公设，但都没有成功。特别值得一提的是，两位波斯数学家欧玛尔·海亚姆（O. Khayyám）和纳西尔丁（Nasir al-Din Tusi），他们对平行公设做了较为深入的探讨。如下图所示，假设有一个四边形 ABCD，DA 和 CB 等长且均垂直

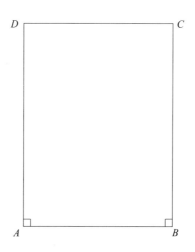

波斯人试图利用此图，证明欧氏第五公设

于 AB，依照对称性 $\angle D$ 和 $\angle C$ 相等，平行公设等价于证明 $\angle D$ 和 $\angle C$ 都是直角。

纳西尔丁证明，如果 $\angle D$ 与 $\angle C$ 是锐角，则可推导出三角形的内角和小于 180 度，这正是罗巴切夫斯基几何的基本命题。它等价于

过已知直线外一点，能作不止一条直线与已知直线平行。

这是非欧几何学的一种，它是在 19 世纪上半叶由德国数学家高斯、匈牙利数学家 J. 鲍耶（J. Bolyai）和俄国数学家罗巴切夫斯基（N. Lobachevsky）各自独立发明的。

1854 年，德国数学家、高斯的学生黎曼（B. Riemann）建立起一种更为广泛的几何学，即现在所称的"黎曼几何"，罗氏几何和欧氏几何都是黎曼几何的特例（分别对应于锐角假设和直角假设）。在黎曼之前，数学家们都认为钝角假设与直线可以无限延长的假设相矛盾，因此取消了钝角假设，黎曼却把它找了回来。

黎曼区分了"无限"和"无界"这两个概念，他认为直线可以无限延长并不意味着就其长短而言是无限的，而是指它是没有端点或无界的（例如开区间）。在做了这个区分之后，黎曼证明了钝角假设与锐角假设一样，都能无矛盾地引申出新的几何学。钝角假设所引出的几何学被称为黎曼几何。

在黎曼眼里，地球表面（或任意球面）上的每个大圆都可以看成是一条直线。何为大圆？大圆就是圆心在球心的圆，例如地球的每一条经线，而纬线中只有赤道是大圆。不难发现，这样的"直线"无界但长度有限，而且任意两条这样的"直线"都相交。换句话说，没有两条直线是平行的。例如，假设赤道是已知直线，取北极点，则过北极点的每条直线都是经线，它们都与赤道相交。由此证明

过已知直线外一点，不能作一条直线与已知直线平行。

事实上，每条经线都与赤道垂直，由此可推导出，任意两条经线与赤道围成的三角形内角和均大于180度。

用圆替换直线，这正是自行车的秘密和成功之处。最后，我想说说西班牙画家毕加索（P. Picasso）。作为立体主义绘画的鼻祖，毕加索的艺术灵感来源于四维几何学。当毕加索从一个酷爱数学的精算师朋友那里了解到存在一种四维几何学后，他便立刻展开了想象：绘画是把三维空间的物体表现在二维平面上，那么四维空间的物体表现在二维平面上该是什么样呢？于是就有了《亚威农少女》（1907）这幅立体主义的开山之作。

除了画画，毕加索也创作雕塑，这对他来说似乎是生活的一种调剂。《公牛头》是一件现成品，它的材料是自行车的部件，车把手作为牛角，坐垫作为牛脸。这两个部件原本不在一起，艺术家通过想象力，去掉了它们中间的三角形车架，一件艺术作品就这样诞生了。又一次，我们回到了这个故事开头提到的自行车！

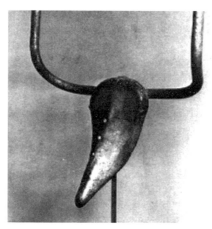

毕加索的《公牛头》

玄妙的统计：从诸葛亮借箭说起

在抽象的意义下，一切科学都是数学；在理性的世界里，所有的判断都是统计学。

——［美］C. R. 劳

从城邦政情到统计学

统计学是通过收集、整理、分析、描述数据等手段，以推断所测量对象的性质、本质乃至未来的一门学科，需要用到许多数学知识。统计起源于何时何地，已经很难说清了。有人说是古埃及，有人说是古巴比伦，也有史料记载是在公元前 2000 年左右的夏朝，统治者为了征兵和征税而进行了人口统计。

到了周朝，"司书"一职首次在中国历史上出现，相当于今天的国家统计局局长。西方最早的关于统计的记载是《圣经·旧约》，它引用了犹太人的人口统计结果。

仅是小范围的人口统计，即使包括人数、年龄、收入、性别、身高、体重等多项指标，统计也派不上大用场。随着统计人数的增加，例如一座城市的市民、一个省的女性，以及统计指标的增多，例如健康状况、家庭经济状况和寿命等，统计就逐渐体现出规律和价值了。

公元前 4 世纪，亚里士多德撰写的"城邦政情"（matters of state）共包含 150 余种纪要，内容涉及希腊各个城邦的历史、行政、科学、艺术、人口、资源和财富等社会和经济情况及其比较分析。

"城邦政情"式的统计延续了 2 000 多年，直至 17 世纪中叶，才逐渐被"政治算术"（political arithmetic）这个颇有意味的名称替代，并且很快演化为"统计学"（statistics）。最初，它只是一个德文词汇 statistik，保留了城邦（state）的词根，本义是研究国家和社会状况的数量关系。

后来，欧洲各国相继把它译成本国词汇，法文为 statistique，意大利文为 statistica，然后是英文。值得一提的是，英语中统计学家和统计员是同一个单词，正如数学家和数学工作者是同一个单词一样。日语最初把"统计学"译为"政表""政算""国势""形势"，1880 年才确定为"统计"。1903 年，横山雅南的著作《统计讲义录》被译成中文出版，"统计"这个词也从日本传到中国，这与"数学"一词的来历一样。

既然统计学的主要工作是与数据打交道的，数据通常又有随机性，这就涉及另外一个统计学术语——概率。随机意味着不确定性，但也并非没有规律可循，这需要用概率来描述。例如，经验告诉我们，投掷硬币出现正面朝上结果的概率约为 1/2，投掷骰子结果为六点的概率是 1/6。

更多时候，我们需要进行大样本的统计才能知道一件事发生的概率。例如，某航班的正点率，或某地某日的降水概率。我们在通过计算获得概率的同时，也掌握了相应的统计规律。不过，统计与概率是有差异的。计算一个有 40 个学生的班级是否有人同一天生日的概率，与具体统计某班级同学的生日，两者是不一样的，且不同班级（即便人数相同）的统计结果也不一样。

草船借箭可有其事？

如同自行车的发明使得人们扩大了交流范围，弓箭的发明也拓宽了人们的活动范围。有了弓箭，人类便可走出山洞，离开茂密的森林，来到广阔的丘陵或平原安家。弓箭不但能增强人们的安全防御能力，也能帮助他们获取更多猎物，为人类的繁衍生息创造良好的物质条件。

古人在制作弓箭

弓箭诞生于约 3 万年前的旧石器时代晚期，它是冷兵器时代最可怕的致命武器。弓箭由弓和箭两部分组成，其中弓由有弹性的臂和有韧性的弦构成；箭包括箭头、箭杆和箭羽，箭头为铜或铁制，杆为竹或木质，羽为雕或鹰的羽毛。射手拉弓时，手指上还有保护工具。

恩格斯说过，"弓、弦、箭已经是很复杂的工具，发明这些工具需要有长期积累的经验和较为发达的智力"。弓箭的发明或许与音乐的起源有某种关系，20 世纪英国科学史家 J. D. 贝尔纳（J. D. Bernal）认为，"弓弦弹出的汪汪粗音可能是弦乐器的起源"。

在《诗经·小雅》里有一首诗写"角弓"，即弓箭。这首诗劝告周王不要疏远兄弟亲戚而亲近小人，以为民众做出表率。首章 4 句是："骍骍角弓，翩其反矣。兄弟昏姻，无胥远矣。"骍骍指弦和弓调和的样子，翩是弯曲，昏姻即婚姻或姻亲，意为"把角弓调和绷紧弦，弦松弛的话会转向。兄弟姻亲是一家人，相互亲爱可别疏远"。

中国古代神话里有"后羿射日"的故事。在古典小说里，一方面有许多神箭手，例如吕布辕门射戟，薛仁贵三箭定天下，养由基百步穿杨，等等。另一方面，打不赢就放箭的例子也比比皆是，清代如莲居士的传奇小说《说唐》里的罗成虽武艺高强，最终却陷于淤泥并死于乱箭。

一般士兵的射术可没有神箭手那么精准。假设他们单次射中目标的概率为 0.1，没射中的概率就是 0.9，连续两次射不中的概率为 $0.9 \times 0.9 = 0.81$。依此类推，100 次都射不中的概率为 $0.9^{100} \approx 0.000\ 03$，那么至少射中一次的概率为

$$1 - 0.000\ 03 = 99.997\%$$

即便要求至少射中目标三次，概率仍高达 98.41%。由此可见，与其费力去找神箭手，不如让 100 个士兵乱箭齐发效果更好。在罗贯中的历史小说《三国演义》里，长坂坡（今湖北荆门）一役成就了赵子龙的传奇，其实曹操下令不许放箭可能也起到了不可或缺的作用。

再来看诸葛亮草船借箭，传说是取到 10 万支箭。依据罗贯中在书中的描述，当时江上大雾弥漫，士兵放箭基本是闻声寻的，命中概率估计不到 0.1，中间还要调转船身，用另一面接箭，自然会射空。即便射中概率不变，也至少要射 100 万支箭，而当时曹操的弓箭手仅 1 万名，每人需射 100 支。专家分析这不太可能，因为古时一个箭壶一般只装箭 20~30 支。

高斯的正态分布曲线

生活中偶有小概率事件发生。例如，据有关方面统计，飞机失事

的概率约为300万分之一。这个概率听起来很小，但每天都有无数乘客搭乘飞机，全世界的航班累计数量也是惊人的，因此我们偶尔会听到飞机失事的消息。即便如此，人们仍会选择飞机出行。

再来看一个例子，2010年南非世界杯期间，生于英国养于德国的"章鱼帝保罗"成为耀眼的明星。保罗8次预测，全部猜对比赛结果，尤其是西班牙战胜荷兰的那场决赛更让全世界球迷为之瞩目。假如没有人为操纵，保罗猜对一次的概率为0.5，连续8次猜对的概率为0.003 9。那么我们只能说，小概率事件又一次发生了。

在统计学中，样本的选取也存在小概率事件。例如，从一个装有红球和蓝球的缸中随机取出球来，哪怕缸中的球多数是红球，取出的样本也有可能是蓝球占多数，由此得出错误的结论：缸中的球多数是蓝色的。鉴于此，统计学家想了一个办法，来提高由样本推断总体特征的能力。

假设有一个装有非常多球的缸，其中红球、蓝球的比例为 $P : (1 - P)$，$P(P \leqslant 1)$ 是某个未知的比例。一次从缸中抽出5个球，这是一个样本。设 p 是所有样本（每个样本均含5个球）中红球比蓝球多（即至少有3个红球）的样本所占比例 $(p \leqslant 1)$。根据概率论，可得 P 和 p 的关系如下：

P	0.1	0.2	0.3	0.4	0.5	0.6	0.7	0.8	0.9
p	0.01	0.06	0.16	0.32	0.50	0.68	0.84	0.94	0.99

这就说明，当缸中红球比例为0.1时，在抽取的样本中红球占多数的样本比例是很小的。确切地说，在100个样本中可能只有一个样本是这样的。

如果只是加减和方幂运算，统计学恐怕成不了一门学科，更无法成为与数学并列的一级学科（概率论是数学下面的二级学科）。幸好，统计学里有高斯的正态分布理论。19世纪下半叶，英国统计学家高尔顿（F. Galton）和皮尔逊（K. Pearson）在研究父母身高与子女身高之间的遗传关系时，发现了向平均数回归的现象，即身高不会两极分化。

高尔顿还做了著名的钉板实验，他在一块平整的木板上均匀放置了20排钉子，下一排的每颗钉子恰好处于上一排两个钉子的中间位置。然后他让一个小圆球从最上一层中间的钉子处滚下，碰到钉子后向左或向右滚落的概率各为0.5。由于钉子的间距正好略大于小圆球的直径，小圆球会再次撞击钉子并向左右滚落，概率同样为0.5。

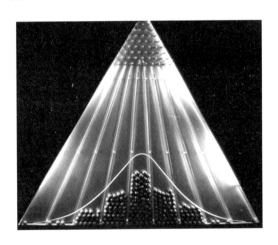

高尔顿钉板实验和高斯正态分布曲线

高尔顿观察到，小圆球虽然一路碰撞滚落底部，但却没有太过偏离中心位置。大多数小圆球都集结在底部中心位置，越往两边数量越少。最后，堆积的小圆球形成一个钟形曲线，这正是由法裔英国数学家棣莫弗（A. De Moivre）于1733年提出，后以德国数学家高斯（他首先将其应用于天文学研究）的名字命名的正态分布曲线：

$$y = \frac{1}{\sqrt{2\pi}} e^{-\frac{x^2}{2}}$$

如果考虑滚落在中间 6 个钉距之间的小圆球，则其概率为上述函数在区间 [–3, 3] 上的定积分，大约是 99.73%。

莎士比亚的诗文和忌日

威廉·莎士比亚（W. Shakespeare）是英国大文豪，也被视为有史以来最伟大的文学家之一。1985 年秋天，有位莎翁研究专家在牛津大学博德利图书馆里发现了一首写在纸片上的九节诗。这张纸片已被收藏近 200 年，它上面的诗歌是莎翁写的吗？

莎士比亚之墓。作者摄

两年以后，两位统计学家对这首诗做了研究，并与莎士比亚的写作风格进行对比，结果发现它们惊人的一致。已知莎翁诗文著作中用词总量为 884 647 个，其中 31 534 个是不同的，它们出现的频率如下：

单词使用的频率	1	2	3	4	5	>100
不同的单词数	14 376	4 343	2 292	1 463	1 043	846

由此可见，莎翁喜欢用新词，他使用一次就舍弃的词高达 45.6%，仅用两次的词占 13.8%。倘若对莎翁的部分作品做同样的统计，不同的词出现的频率会高一些。这首新诗中共有 429 个单词，有 258 个是不同的，观测值与基于莎翁写作风格的预测值相对接近。与此同时，统计学家也调查了与莎翁同时代的著名诗人约翰逊（S. Johnson）、马洛（C. Marlowe）和邓恩（J. Donne）的写作风格，发现他们的预测值与这首诗的观测值存在统计学上的显著性差异。

在此以后，莎士比亚的另外三部著作《罗密欧与朱丽叶》、《托马斯·莫尔爵士》和《爱德华三世》也是用同样的方法加以验证的。因为《罗密欧与朱丽叶》写的是意大利上流社会，而莎翁出身英国平民，故而在过去的三个世纪里，包括狄更斯（C. Dickens）和马克·吐温（M. Twain）等在内的文学家都曾怀疑它不是莎士比亚的作品。

苏联作家肖洛霍夫（M. Sholokhov）的传世之作《静静的顿河》也曾遭受类似的质疑，这部小说让肖洛霍夫获得了 1965 年的诺贝尔文学奖。1974 年，流亡在外的另一位苏联作家索尔仁尼琴（A. Solzhenitsyn，1970 年诺贝尔奖得主）在巴黎公开提出质疑，他认为肖洛霍夫当时才 20 多岁，不可能写出有如此广度和深度的鸿篇巨制，而且书中的思想内容和艺术技巧也不均衡。

这场争论一直持续到肖洛霍夫暮年，有人怀疑他抄袭了已故作家克留科夫（F. Kryukov）的作品。1984 年，挪威奥斯陆大学的一位统计学家领导了一个小组，他们将肖洛霍夫不存在任何争议的作品、《静静的顿河》和克留科夫的作品分为三组，利用统计方法进行分析。

第一，他们统计不同词汇占总词汇量的比例，三组分别为65.5%、64.6%、58.9%。第二，选择最常见的20个俄语单词，统计它们出现的频率，三组分别为22.8%、23.3%、26.2%。第三，统计出现不止一次的词汇所占比例，三组分别为80.9%、81.9%、76.9%。

无论哪一类统计结果都显示，克留科夫的作品风格与《静静的顿河》之间存在着显著性差异，而肖洛霍夫更像《静静的顿河》的作者。在中国，古典小说《红楼梦》的作者也存在质疑，有红学家认为后40回与前80回在风格上有很大差异，因此怀疑是另外一个作者所写。假如用统计学方法，也许可以帮助鉴别。

过去半个多世纪以来，海峡两岸以及美国多位学者用统计学的方法对《红楼梦》进行了研究。例如，上海的统计学家李贤平和南京的统计学家韦博成分别对书中虚词和实词（如花卉、树木、饮食和诗词）的出现频率进行统计，也发现了明显的差异存在，佐证前80回和后40回是两位不同的作者所写。

20世纪印度裔美国籍统计学家C. R. 劳（C. R. Rao）说过，"假如世上每件事情均不可预测地随机发生，那我们的生活将无法忍受。反之，假如每件事情都是确定的、完全可以预测的，那我们的生活又将十分无趣"。他还指出，"在终极的分析中，一切知识都是历史；在抽象的意义下，一切科学都是数学；在理性的世界里，所有的判断都是统计学"。

最后，我们再来说说莎士比亚。他的生日与忌日同为4月23日，这也是西班牙语世界最伟大的作家、《堂·吉诃德》的作者塞万提斯（Cervantes）的忌日，他们在1616年的同一天去世。中国历史上最负盛名的戏剧家之一汤显祖也在这一年去世。这个概率实在太小了，小到我们无法估测，甚至完全可以忽略不计。

恩尼格玛，从戚继光到图灵

在人类战争史上，从来没有一次像这样，以如此
少的兵力，取得如此大的成功，保护如此多的
民众。

——［英］温斯顿·丘吉尔

伯罗奔尼撒战争

伯罗奔尼撒战争是指以雅典为首的提洛同盟与以斯巴达为首的伯罗奔尼撒联盟之间的一场战争，起因是雅典的称霸野心和斯巴达的坚毅、倔强。这场战争从公元前 431 年一直持续到公元前 404 年，周边的绝大多数城邦都不得不加入其中一方的阵营。起初，双方互有胜负，战事一度陷入僵局。

有一回，雅典一方曾在一场海战中取得重大胜利，本有机会结束战争，但由于他们提出的要求过于苛刻，以致错失了达成和平协定的时机。战火继续燃烧，甚至一度蔓延到遥远的西西里岛。终于，在波斯帝国的支持下，斯巴达人反戈一击，重创了强大的雅典海军。

公元前 405 年，伯罗奔尼撒战争已接近尾声。斯巴达军队逐渐占据了优势，准备对雅典发起最后一击。然而，原本站在斯巴达一边的波斯人突然改变态度，停止了对斯巴达的援助，并意图使雅典和斯巴达在持续的战争中两败俱伤，以便从中坐收渔利。

在这种情况下，斯巴达急需摸清波斯军队的具体行动计划，以便采取新的战略举措。其时波斯帝国的阿契美尼德王朝已处于衰落期，斯巴达军队又恰巧俘获了一名从波斯军营去雅典送情报的间谍。斯巴达士兵仔细搜查了这名间谍，可是除了他身上那条布满杂乱无章的希腊字母的腰带以外，别无所获。

情报究竟藏在什么地方呢？斯巴达军队的统帅莱桑德把注意力集

德加名画《年轻的斯巴达人的操练》

中到那条腰带上，认为情报应该就藏在那堆无序的字母当中。他反复摆弄那条腰带，把上面的字母用各种方法重新排列组合，但一筹莫展。就在莱桑德几乎失去信心的时候，奇迹出现了。

原来，莱桑德无意中把那条腰带以螺旋形缠绕在他手中的剑鞘上，竟然组成了一段完整的文字。这是雅典间谍企图送回去的一份情报，它告诉雅典人，波斯军队准备在斯巴达军队发起最后攻击时，从背后袭击斯巴达人。

根据这份情报，斯巴达军队及时改变了作战计划，他们以迅雷不及掩耳之势袭击了毫无防备的波斯军队，并一举将其击溃，解除了后顾之忧。随后，斯巴达人挥师征伐雅典，终于取得了这场长达27年的战争的胜利。

雅典间谍身上的那条腰带，可能是世界上最早的密码情报。具体操作方法是，通信双方事先约定好密码解读规则，然后其中一方将腰带缠绕在约定长度和粗细的木棍上书写。另一方拿到情报以后，必须把腰带缠绕在同等长度和粗细的木棍上，才能读取到情报。

这种密码通信方式后来在希腊广为流传，据说近代的加密电报便是受它启发而发明的。伯罗奔尼撒战争不仅对希腊文明有重要意义，对历史学本身也有重要意义，古希腊历史学家修昔底德（Thucydides）在《伯罗奔尼撒战争史》中予以详细记载，他对这场战争的原因和背景的分析在史学界起到了先驱和表率作用。可惜公元前411年冬天他猝然离世，后面半个世纪的历史则由苏格拉底（Socrates）的弟子色诺芬（Xenophon）接棒完成。

汉语拼音的前身

密码是一种用来混淆视听的技术，它将正常的可识别信息转变成无法识别的信息。当然，对一小部分人来说，这种无法识别的信息是可以通过加工转变成可识别信息的。严格来说，登录网站、电子邮箱、银行取款或开启保险箱时输入的"密码"只是"口令"，而不是真正的密码，因为它并非原本意义上的"加密代码"。

中国是世界上最早使用密码的国家之一。早在东汉末年，我们的先辈就发明了反切注音法，即用两个字为另一个字注音，取上字的声母和下字的韵母，"切"出另一个字的读音。这对于使用象形文字的民族来说无疑是一种创举，"反切码"就是在反切注音的基础上出现的。

据说"反切码"的发明者是明代著名的抗倭将领、军事家戚继光，他也是一位诗人和书法家。戚继光专门编了两首诗词，作为"密码本"：一首是"柳边求气低，波他争日时。莺蒙语出喜，打掌与君知"；另一首是"春花香，秋山开，嘉宾欢歌须金杯，孤灯光辉烧银缸。之东郊，过西桥，鸡声催初天，奇梅歪遮沟"。

这两首诗词包含了反切码的全部秘密，即取前一首诗前15个字的声母，依次分别编号 1~15；取后一首词前 36 个字的韵母，依次分别编号 1~36；再将字音的 8 种声调，也按顺序编号为 1~8，便形成了完整的"反切码"系统。

具体方法是：若收到的情报上密码有一串是 5—25—2，对照声母歌编号 5 是"低"，对照韵母歌编号 25 是"西"，两字的声母和韵母合到一起就是 di。其声调是 2，便可切出"敌"字。为此戚继光专门编写了一本《八音字义便览》，作为训练情报人员、通信兵的教材。

历史学家范文澜认为，用反切法来注字音，可能是当时一些儒生受梵文拼音字理的启示。他同时认为，这也是音韵学的开始。在此之前，中国人用的是直音，即用同音字来注音，这对许多字来说并不容易。值得一提的是，音韵学是训诂学的得力工具，后者是研究古代文字意义的学问，因为训释词义往往需要通过语音来理解和说明。

语言学家周有光（20 世纪 50 年代与吴玉章在我国制订和实施汉语拼音方案时起到了重要作用）称反切注音法是一种"心中切削焊接法"。可是，反切也有其局限性。例如，反切上下字可用的字过多，使用的人难以掌握；字又常常含有多余成分，在拼合时有一定障碍；有些窄韵[①] 还需借用其他韵的字作为反切下字，造成切音不准确。

到了明朝末年，一批有学识的西方传教士来中国传教，为了学习汉字，他们开始用拉丁字母给汉字注音。1605 年，意大利传教士利玛窦在北京出版了《西字奇迹》，其中有 4 篇汉字文章加上了拉丁字母的注音。这是最早用拉丁字母给汉字注音的出版物，据说只有梵蒂冈图书馆才有此书藏本。

1626 年，法国传教士金尼阁（Nicolas Trigault）在杭州出版了

---

① 窄韵指诗韵中字数较少的韵部，与宽韵相对。——编者注

《西儒耳目资》，这是第一本用拉丁字母给汉字注音的字汇表。注音所用方案是在利玛窦方案的基础上修订的，可以说这是中国最早的汉语拼音方案。金尼阁的故乡如今归属法国，但他生前自称比利时人，该地区当时是在西班牙的统治之下，属于历史上的佛兰德斯地区。

穿道袍的金尼阁。鲁本斯作

三年后，金尼阁在杭州逝世，葬于西湖区留下街道东岳村大方井，离寒舍仅数百米之遥。值得一提的是，与金尼阁同龄的佛兰德斯画家鲁本斯（P. P. Rubens，他的出生地位于今德国北莱茵－威斯特法伦州）为他画过一幅身着道袍的肖像，现藏于纽约大都会艺术博物馆。那应是鲁本斯在金尼阁回欧洲探亲期间画的，鲁本斯有一句话似乎就是说给金尼阁听的：我把世界的每一处地方都看成是自己的故乡。

运筹学和恩尼格玛

在现代战争中，密码学的作用更加明显。1940 年 5 月，德军以闪电战击溃英法联军，英国军队从英吉利海峡的法国港口敦刻尔克狼狈撤离，史称"敦刻尔克大撤退"。当时，英国陆军已经战败，大量重型装备被丢弃，空军无论从数量、质量和飞行技术方面都大大落后于德军。

德国空军司令格林甚至认为，只要派飞机飞过英吉利海峡狂轰滥炸一番，就能使英国屈服。于是，1940 年 7—10 月，伦敦等城市几乎天天拉响空袭警报，美国电影《魂断蓝桥》讲述的就是那段经历。空战结果出人意料，德军损失了 1 733 架飞机，而英军只损失 915 架飞机，希特勒不得不放弃征服英国的计划。

究竟是什么决定了那场战争的胜负呢？一般认为，胜利的一方凭借的是士兵的勇敢无畏、统帅的英明果断、武器的精良、国力的雄厚或人心所向，等等。但是，"一战"时期的飞行员、"二战"时期的英国情报官员、曾获大英帝国勋章和美国荣誉勋章的英国人温特博瑟姆（F. W. Winterbotham）却把"二战"盟军的胜利归因于"科学的拯救"。

首先，应用数学的重要分支——运筹学便诞生于"二战"战场上。那时英国人刚刚发明雷达，在性能指标上逊色于德国雷达。于是，英军成立了以数学家为骨干的运筹学小组，研究雷达的最佳配置和高射炮的射击范围，结果从每 200 发击落一架敌机改良至每 20 发击落一架敌机。之后，美国、加拿大也相继成立运筹学小组，到"二战"结束时共有 700 多名研究人员。

此外，更重要的一方面，便是密码战线的斗争。1918 年，德国电气工程师谢尔比乌斯（A. Scherbius）为他发明的"谜语机"（Enigma，本义为"谜"，音译为恩尼格玛）申请了专利。这是世界上第一台电气装置的密码机，其形状如同一台打印机，拥有 26 个字母的键盘，但却没有标点符号。

此外，谜语机还有由 26 个字母组成的字母板和正反转轮。字母可以通过转轮以规律的方式改变，从而产生加密效果。除了基础的加密过程之外，每个字母板下面都有插口，可以用一根电线把任何两个插口相连，比如 A 插口和 Z 插口，字母 A 通过转轮变成字母 Z。对方收到后，又通过反转轮将字母 Z 变回字母 A。

转轮

密文字母盘

键盘

插接字母板

德国人的"谜语机"

一般来说，使用者每次要连接 6 对字母的插口。不难计算，从 26 个字母中选取 6 对的方法有

$$\frac{1}{6!} \times \frac{26 \times 25}{2} \times \frac{24 \times 23}{2} \times \cdots \times \frac{16 \times 15}{2} = 100\ 391\ 791\ 500 \quad （种）$$

再考虑转轮的排列和位置的不同选择，得到的将是一个天文数字，任何人工和统计方法都无能为力。希特勒亲自了解并观看了"谜语机"的演示之后，深信它是不可破解的，因此下令在全军安装，但他却低估了数学的力量和数学家的智慧。

雷耶夫斯基与图灵

在"二战"以前，破译密码似乎不需要数学知识，许多国家都请语言分析专家、纵横字谜高手或国际象棋冠军来帮忙，却很少会想到数学家。但波兰例外,这个国家因为左右邻国——德国和苏联的存在及威胁,警惕性一直比较高。而且,"一战"结束后不久,波兰著名数学家席宾斯基(W. Sierpínski,以他名字命名的三角形是分形理论中的重要例子)曾帮助波兰军情局密码处破译过苏联的密码。

1928年,波兰军队发现德军开始使用一种全新的密码,他们根本无法破译,便焦虑起来。1929年年初,波兰西部波兹南大学数学系的一群大学生和研究生被要求宣誓保密以后,开始学习密码学课程。波兹南邻接德国,那里的人都会讲德语。

这些学生每周两晚学习密码学,几个星期以后有的人便能破解各种旧式密码了,而破解能力差的人则被淘汰。最后,只剩下三位最优秀的学生,他们是雷耶夫斯基(W. Rejewski)、齐加尔斯基(H. Zygalski)和鲁日茨基(J. Rózycki)。正是他们三位破解了德军的"谜语机",其中雷耶夫斯基厥功至伟。

雷耶夫斯基像

雷耶夫斯基从波兹南大学获得硕士学位后,又去德国哥廷根大学进修了一年,然后回到母校做起了老师。1932年,他和两位同道加入了密码处,第二年年初便取得了突破。雷耶夫斯基的解密法基于19世纪法国数学家伽罗华(Évariste Galois)发明的置换群原理和特征值理论,他还证明了一条后来被称为"可以打赢世界大战"的置换群定理。

可是,波兰人虽然破译了早期的"谜语机",但他们却不能应对德国人后来采取的一系列改进措施,更由于国力的差距,最终无法逃脱亡国的命运。幸好,他们及时把关键技术和设备交给了英法两国。然而，波兰沦陷不到一年，法国就被德国的闪电战击败。于是，继续破解"谜语机"以争取反法西斯战争胜利的重任，就落到了隔海相望的英国人肩上。

比雷耶夫斯基年轻 7 岁的图灵（A. Turing）出生在伦敦，双亲曾在英国的殖民地——印度马德拉斯（今名金奈）工作。1935 年，他以优异的成绩毕业于剑桥大学国王学院，留校成为一名教师。第二年他提出了"通用计算机"的概念，后来被称作"图灵机"且沿用至今。1938 年，他在美国普林斯顿大学取得数学博士学位，谢绝了做匈牙利人冯·诺依

图灵

曼（J. von Neumann）助手的邀请，回国进入伦敦的"密码学校"。

雷耶夫斯基发现"谜语机"的一个缺陷是，在字母 A 加密成 Q 之后，Q 也必然会加密成 A，由此证明了置换群定理。图灵则发现了"谜语机"的另一个缺陷，就是字母 A 无法加密成 A 本身，他利用德国人行文的刻板风格和密码机操作上的漏洞（两段分开发送的文字之间的连接语的重复），大大简化了密码破译工作。

因为这个发现，1940 年 3 月，英军制造出第一台破译"谜语机"的电气机械装置"炸弹机"（bombe）。第二年这种机器的数量增加到14 台，1945 年更是达到 211 台，操作人员近 2 000 名。据后来解密的文件，"炸弹机"破译了德军 90% 以上的"谜语机"情报，为赢得"二战"胜利做出了极其重要的贡献。

举一个例子，驻扎北非的隆美尔是希特勒手下的一员大将，足智多谋、英勇善战，被誉为"沙漠之狐"。然而，"炸弹机"问世之后，

盟军每每破译他与德军总部的电报往来，总能摧毁他的补给和运输部队。得知隆美尔弹尽粮绝的处境后，英军统帅蒙哥马利发动了"阿拉曼战役"，一举将隆美尔击败。

随后，在大西洋海战、诺曼底登陆战役，甚至是美日间的中途岛海战（美军摧毁日军4艘航母）中，"炸弹机"也发挥了重要作用。1943年4月17日，美国海军截获日军密电，得知日本联合舰队司令、海军上将山本五十六将去前线视察（此人曾精心策划珍珠港事件）。第二天上午，美军飞机在所罗门群岛拦截并击落了有6架战机护航的山本座机。这为世界反法西斯战争的最后胜利，奠定了坚实的基础。

在空战取得胜利之后，英国首相丘吉尔曾在下议院发表演讲。他赞叹道："在人类战争史上，从来没有一次像这样，以如此少的兵力，取得如此大的成功，保护如此多的民众。"这番话既是对空军飞行员的表扬，也是对破译密码的情报人员的褒奖。

当然，数学方法除了可用来破译密码以外，还可以设置密码。1977年，麻省理工学院的三位年轻人利用欧拉定理和秦九韶的大衍求一术，提出了著名的RSA（三位年轻人英文姓氏的首字母）公开密钥密码体系。从那以后，数学便真的与密码学难解难分了。

乙辑

数学家的故事

第一个留名的泰勒斯

不懂几何学的人请勿入内。

——［古希腊］柏拉图

米利都的泰勒斯

在人类文明史上不乏接踵而至的巧合。例如，1616 年 4 月 23 日，英语世界最伟大的作家莎士比亚和西班牙语世界最伟大的作家塞万提斯同日辞世，这个日子后来成为"世界读书日"。1642 年，意大利最伟大的科学家伽利略（Galileo）去世，同年英国最伟大的科学家牛顿（Newton）出生。更早些时候，古希腊的数学家和哲学家人才辈出，就如同文艺复兴时期意大利的作家和艺术家层出不穷一样。

1266 年，即大诗人但丁（Dante）降生佛罗伦萨的第二年，这座城市又诞生了那个世纪最杰出的艺术家乔托（Giotto）。意大利人一般认为，艺术史上最伟大的时代，就是从他开始的。而按照英国艺术史家贡布里奇爵士（Sir E. H. Gombrich）的说法，在乔托以前，人们看待艺术家就像看待一个出色的木匠或裁缝一样，他们甚至经常不在自己的作品上署名；而在乔托以后，艺术史就成了艺术家的历史。

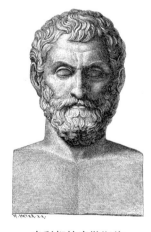

米利都的泰勒斯像

相比之下，数学家则幸运得多，第一个留名后世的数学家是古希腊的泰勒斯（Thales），他生活的年代比乔托早 18 个世纪。泰勒斯出生在小亚细亚的米利都城（今土耳其亚洲部分西海岸门德雷斯河口附近），其时它是希腊在东方最大的城市，周围的居民大多是爱奥尼亚移民，因此，那个地区也被称作爱奥尼亚。

在米利都城，商人统治代替了氏族贵族政治，因而思想较为自由和开放，产生了多位文学艺术和人文领域的著名人物，相传诗人荷马（Homer）和历史学家希罗多德（Herodotus）也来自爱奥尼亚。据说泰勒斯早年经商，曾游历埃及和巴比伦，并趁机学会和掌握了数学、天文学知识，他后来涉足的研究领域除了这两个以外，还有物理学、工程学和哲学。

泰勒斯创立了米利都学派，企图摆脱宗教，透过自然现象去寻求真理。他认为处处有生命和运动，并以水为万物的本源。说到这里，我们讲述一则与水有关的逸事。青年时期泰勒斯趁从商之机，广泛接触社会。一次，他用骡子运盐，一头骡子滑倒在溪流中，盐溶解了一部分。这头骡子顿时感觉负担减轻了许多，于是它每过一次溪流就打一个滚儿。泰勒斯为了改变它的恶习，便让它驮上海绵。海绵吸水之后，重量倍增，从此这头骡子再也不敢故伎重施了。

在数学方面，泰勒斯在埃及时曾利用日影和杆高的比例关系算出金字塔的高度。有一则广为传颂的故事：在一个艳阳天，泰勒斯在地上垂直插了一根杆子。等到杆子的影子与杆子的高度等长时，他测量了金字塔影子的长度，此长度即为金字塔的高度。不过，由于金字塔的底部较大，不是一个点，故而只在特殊的日光角度下才能测准。这个故事的升级版是，泰勒斯在金字塔影子的端点竖立一根杆子，借助太阳光的投影，构成两个相似三角形，塔高与杆高之比等于两者影长之比。

名家眼里的泰勒斯

虽说泰勒斯青史留名，但有关他的生平我们却知之甚少。幸运的是，有几位后世哲学家和作家的著作，提到了他的一些逸事，从中我们可以了解到他的为人和气质。或许，这是最早的数学故事。遗憾的是，虽说中国古代也涌现了一些著名数学家，却没有形成这样的氛围，人文学者极少关心科学家的工作。少数的例外是，《庄子·杂篇天下》记载了名家惠子阐述的无穷概念，《周髀算经》也写到了周公与大夫商高谈论勾股数。

关于泰勒斯，比他晚近三个世纪的哲学家亚里士多德讲过一则故事。有一次，泰勒斯依据他掌握的农业知识和气象资料，预见到第二年橄榄必将获得大丰收，于是筹资提前低价租借了该地区所有的榨油机。事情果然如他所料，榨油机供不应求，于是他高价出租，获得巨额财富。他这样做并不是想成为富翁，而是想回击有些人对他的讥讽：如果你真那么聪明，为什么没发财呢？同时他也告诫人们，知识胜于财富。

柏拉图是亚里士多德的老师，既是哲学家，也是数学家，据说他的学园正门口写着"不懂几何学者请勿入内"，而学园的后门又写着"懂哲学者方可治国"。柏拉图在著作里记述了泰勒斯的另一桩逸事。有一次，泰勒斯仰观天象，不小心跌进了旁边的沟渠。附近一位长相秀美的女仆嘲笑他说："近在足前您都看不见，怎么会知道天上的事情呢？"对此泰勒斯并未回应，倒是梭伦（Solon）的发问刺痛了他。

据罗马帝国时代的希腊作家普鲁塔克（Plutarchus）记载（此时距离泰勒斯辞世已经过去6个多世纪了），有一次，比泰勒斯年长14岁的雅典执政官梭伦来米利都探望泰勒斯。他们两人都属于"希腊七贤"，泰勒斯有一句格言是"过分稳健只会带来灾难"，而梭伦的格言则是"避免极端"。果然，两人的谈话起了微小的波澜，梭伦问泰勒斯为何还不结婚。

泰勒斯可能是许许多多终身独居的智者中的第一人，当时他未予回答。几天以后，情感丰富、喜欢作诗和旅行的梭伦得到消息，有位不幸死于雅典的年轻人可能是他儿子，这令他悲痛欲绝。这时候泰勒斯笑着出现了，在告诉梭伦这个消息是虚构的以后，解释自己不愿娶妻生子的原因就是害怕面对失去亲人的痛苦。

普鲁塔克的作品在文艺复兴时期很受欢迎，法国作家蒙田（M. de Montaigne）对他推崇备至，莎士比亚的不少剧作也取材于他的著作。每次记载以后，他还有评述。例如，针对泰勒斯的婚姻观，他这样写道，"如果由于害怕失掉就不去获得必需的东西，这既不合理，也不足贵……无论如何，我们决不可用贫穷来防止丧失财产，用离群索居来防止失掉朋友，用不育子嗣来防止儿女夭折。应该以理性来对付一切不幸。"

多才多艺的泰勒斯

亚里士多德的得意弟子欧德莫斯（Eudemus）被视为科学史上的第一位数学史家，编写有算术史、几何史和天文学史方面的著作，他还与人合编过恩师亚里士多德的全集。欧德莫斯在书中写道，"……（泰勒斯）将几何学研究（从埃及）引入希腊，他本人发现了许多命题，并指导学生研究那些可以推导出其他命题的基本原理。"

基于柏拉图的一位门徒的记载，我们知道泰勒斯证明了包括泰勒斯定理在内的平面几何中的 5 个定理。另外 4 个定理分别是：直径将圆分成两个相等的部分；等腰三角形的两个底角相等；两条相交直线形成的对顶角相等；如果两个三角形有两角、一边对应相等，那么这两个三角形全等。

不仅如此，泰勒斯还引入了命题证明的方法，即借助一些公理和真实性已经得到确认的命题来论证其他命题。虽然没有原始文献可以证实泰勒斯取得了所有这些成就，但以上记载流传至今，使他获得了历史上第一个数学家和论证几何学鼻祖的美名，"泰勒斯定理"自然也就成了数学史上第一个以数学家的名字命名的定理。

在数学领域以外，泰勒斯也成就非凡。他有一句名言："水是最好的。"他认为，阳光蒸发水分，雾气从水面上升形成云，云又转化为雨，因此断言水是万物的本质。虽然此观点后来被证明是错误的，但他敢于揭露大自然的本来面目，并建立起自己的思想体系（他还认定地球是个圆盘，漂浮在水面上），因此被公认为古希腊哲学的鼻祖。

在物理学方面，琥珀摩擦产生静电的发现也归功于泰勒斯。在柏拉图出生的两年前去世，有着"历史之父"美誉的希罗多德声称，泰勒斯曾准确地预测出一次日食。欧德莫斯则相信，泰勒斯已经知道按春分、夏至、秋分和冬至来划分的四季是不等长的。

希罗多德的代表作《历史》是西方第一部完好地流传下来的散文作品，因此他也被视为西方文学的奠基人、人文主义的杰出代表。书中记叙了泰勒斯对一次日食的预测，当时在米底和吕底亚之间有一场战争，连续5年未见胜负，造成生灵涂炭、横尸遍野。泰勒斯预测到将有日食发生，便宣称上苍反对战争，必用日食警告。结果两军酣战之际，白昼顿成黑夜，将士因而十分惊恐，他们想起泰勒斯的预言，于是停战和好。

《历史》的拉丁文版（1494，威尼斯）

　　泰勒斯平常言谈幽默，而且富有哲理。他对于"怎样过正直的生活？"这个问题的回答是："不要做你讨厌别人做的事情。"这与《论语·颜渊》中的"己所不欲，勿施于人"有异曲同工之妙。当有人问"你见过的最奇怪的事情是什么？"时，泰勒斯的回答是"长寿的暴君"。"当你做出一个发现时，想得到些什么？"从未获得任何奖赏的他答道："当你在告诉别人时，不说这是你的发现，而说它是我的发现，这就是对我的最高奖赏。"

畴人之家出身的祖冲之

割之弥细，所失弥少⋯⋯

——［魏晋］刘徽

阮元编纂《畴人传》

1795 年对中国数学和数学史来说，都是个有意义的年份，被誉为"三朝阁老、九省疆臣、一代文宗"的扬州人阮元初到杭州就任浙江学政（相当于教育厅厅长），即开始主持编纂《畴人传》。所谓"畴人"是指古代中国专门执掌天文历算之学的人，往往是父子世代相传为业。魏晋南北朝时期的祖冲之和他的儿子祖暅，就是其中的典范。

在古代中国，数学虽曾在周朝被列入儒家必习之"六艺"，后来却渐渐被统治者所忽视。在他们看来，数学是九九贱技，会"玩物丧志"。《新唐书》称，"凡推步、卜相、医巧，皆技也，小人能之"。此处"推步"即推算天象历法，无疑包括了数学。古代中国科技虽也有辉煌的成就，但与儒家经典的研究相比较，实在是微乎其微。

虽说宋代出现了秦九韶、朱世杰等数学名家，但元、明两代却没有算学馆，国子监的学生也不知宋代数学研究的成果为何物。到了明末，因为历法的需要，数学才又开始活跃起来。清朝，康熙晚年复设算学馆；乾隆则接受大臣的建议，将一些失散已久的数学著作收录进《四库全书》。一时间，掌握天文、数学知识，也成为学者的进身之阶。

阮元像

正是在前辈同道的精神和时事引导之下，阮元将数学升格为儒家的"实事求是"之学。一方面，他以此作为评判通才的标准；另一方面，他已经领悟到了数学的实用性。阮元还提出"算造根本，当凭实测"，从而赋予数学以经学研究的方法论意义。在苏州人李锐和台州人周治平的协助下，阮元主持编纂了《畴人传》，旨在将包括数学和天文学的自然科学纳入儒学。在他出任浙江巡抚后，又创办了诂经精舍并率先开设天文、算学课程。

《畴人传》初版共 46 卷，包括 316 位传主，既有商高、荣方、陈子、孙子、张苍、司马迁、耿寿昌、刘向、王充、张衡、蔡邕、郑玄、赵爽、刘徽、葛洪、何承天、祖冲之、祖暅、王孝通、李淳风、一行、沈括、苏颂、秦九韶、杨辉、李冶、郭守敬、刘基、朱载堉、程大位、徐光启、薛凤祚、黄宗羲、梅文鼎等 275 位同胞科学家，也有欧几里得、阿基米德、托勒密、希帕恰斯、哥白尼、第谷、利玛窦、汤若望等 41 位外国科学家作为附录。

值得一提的是，在东汉大儒郑玄的小传里，有"然则治经之士，固不可不知数学矣"这样的评论，这或许是我国最早谈论文理交融重要性的言论。郑玄是山东高密人，祖上务农，他天资聪颖，从小习书数之学，除了儒家"五经"，八九岁时便精通四则运算，后又研习《三统历》和《九章算术》。郑玄编注儒家经典，是汉代经学的集大成者，世称"郑学"。

《畴人传》的出版使得中国开始有了系统记载天文、数学方面的科技人物和创造发明的书籍，此书为中外科学史家所瞩目，民国时清人列传收入《清史稿》。英国著名科学史家李约瑟博士在《中国科学技术史》中称《畴人传》为"中国前所未有的科学史研究"，并称赞阮元是"精确的科学史家"。在杭州，为纪念阮元多方面的杰出成就和贡献，也有了"西湖三岛"之一的阮公墩。

祖冲之与圆周率

祖冲之祖籍河北涞水（今属河北保定），与北京市的门头沟区和房山区相接。他出生于南北朝时期南朝的政治、经济中心建康（今江苏南京），在我看来，这是比较稀罕的，大都市不容易产生天才人物。自从晋室（东晋）南迁以来，江南地区的经济迅速发展，出现了一些繁荣的城市，建康是其中较为突出的代表。

祖家是一个官宦人家，祖冲之的曾祖父在东晋时官至侍中、光禄大夫，类似于宰相和国策顾问。他的祖父和父亲都在南朝做官，祖父是大匠卿，掌管宫室、宗庙、陵寝等的土木营建；父亲是奉朝请，这是闲散大官。古时称春季的朝见为朝，称秋季的朝见为请。这个家族的历代成员，大多对天文历法颇有研究。

祖冲之像

相比之下，祖冲之担任过的官职虽然较低，但却在天文学和数学领域，乃至机械制造方面都取得了突出的成就。在刘宋时期，他曾担任南徐州（今江苏镇江）的从事史，这是督促文书、察举非法的官职。他也做过娄县（今江苏苏州昆山）县令，还有掌朝廷礼仪与传达使命的谒者仆射。到了萧齐王朝，他曾官至长水校尉，这是祖冲之一生担任的最高官职（四品）。

从青年时代开始，祖冲之便对数学和天文学怀有浓厚的兴趣，他曾在著作中自述，自幼时起"专功数术，搜炼古今"。祖冲之把从上古时期起至他生活年代的各种文献资料都搜罗来研究，同时亲自进行精密的测量和仔细的推算，不把自己束缚在古人陈腐的思想中。可以说，祖冲之批判地接受了前人的学术遗产，并勇于提出自己的新见解，这是古往今来一切杰出科学家共有的优良品质。

在数学领域，祖冲之师承的是比他早 200 多年的魏晋时期的刘徽，后者发明了计算圆周率的"割圆术"和计算球体积的方法。由圆面积计算公式 $S = \pi r^2$ 可知，只要求得圆的面积（S），再除以半径的平方（r^2），即为圆周率（π）。关于如何求圆面积，刘徽在《九章算术》的注释里这样写道：

> 割之弥细，所失弥少，割之又割，以至于不可割，则与圆合体而无所失矣。

刘徽从圆内接正六边形开始计算面积，依次将边数加倍，求出内接正十二边形、正二十四边形、正四十八边形等的面积。随着边数的增加，内接正多边形的面积越来越接近圆的面积，圆面积和圆周率的精确度就越高。

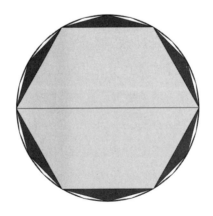

刘徽的割圆术

在古代，包括中国和巴比伦在内的一些民族，都把 3 作为圆周率。在这方面，古埃及人的计算较为准确，他们得到的圆周率为 3.1。刘徽用他的割圆术，求得圆周率为 3.14，这与古希腊数学家阿基米德算得的圆周率是一致的，不过后者比刘徽要早 6 个世纪。学界普遍推测刘徽也算出了 3.141 6，但未有直接的证据。

祖冲之算出的圆周率 π 的范围为

$$3.141\ 592\ 6 < \pi < 3.141\ 592\ 7$$

即精确到小数点后 7 位。此外，他还得到了被称为密率的 $\dfrac{355}{113}$ 这个分数形式的圆周率，虽然只精确到小数点后 6 位，却同样令人惊叹。直到 962 年以后，祖冲之的圆周率才被阿拉伯数学家卡西改进。卡西利用余弦函数的半角公式简化了计算，将圆周率精确到小数点后 17 位。而德国人奥托（V. Otho）求得密率，则比祖冲之晚了 1 000 多年。

祖冲之的这些成就是如何取得的？没有任何相关史料留下来，祖冲之的著作全部失传了，记载圆周率值的《隋书》也没有具体交代。由于当时只有刘徽的割圆术这一种方法，因此我们只能猜测祖冲之用的是割圆术。那样的话，他需要算出圆内接正 24 576 边形的面积。而密率（有日本学者建议称之为"祖率"）的求得，恐怕是借助了前辈天文学家何承天发明的"调日法"。

球体积与大明历

相比圆的面积，球（古人称之为"立圆"）体积的计算公式更富技巧。在中国古典数学名著《九章算术》里，是按照以下比例公式来求球体积的：

$$\frac{圆柱体体积}{内切球体积} = \frac{正方形面积}{内切圆面积}$$

显而易见，正方形面积、圆面积和圆柱体面积这三项数值是比较容易求得的。

祖冲之知道这个公式有误，他在为《大明历》所写的驳议中写道，"至若立圆旧误，张衡述而弗改……此则算氏剧疵也……臣昔以暇日，撰正众谬"。可见球体积计算也是祖冲之的工作之一，但是，400年后唐代学者李淳风却在为《九章算术》所写的注文中，将它作为"祖暅开立圆术"加以引述。无论如何，我们可以将它看成是祖氏父子共同的研究成果。

说起来，祖冲之父子的这一成就，也是在刘徽的研究成果的基础上取得的。刘徽首先发现上述比例公式的错误，并提出"牟合方盖"的新概念，它指垂直相交的两个同样直径的圆柱体的共同部分。在上述比例公式中，刘徽用牟合方盖体积来代替圆柱体体积，即

$$\frac{牟合方盖体积}{内切球体积} = \frac{正方形面积}{内切圆面积}$$

这个思想和方法是正确的，但可惜的是，刘徽本人求不出牟合方盖的体积。而这一步是由祖氏父子完成的，他们求得球体积公式为 $\frac{4}{3}\pi r^3$。但遗憾的是，这个公式早在公元前3世纪就有了，同样出自古希腊数学家阿基米德之手。

除了数学领域，祖冲之在天文学方面也有出色的成就。经过实际观察，他发现何承天编制的为当时刘宋王朝采纳的《元嘉历》有不少错误。例如，冬至时太阳所在宿度距实测已差三度，冬至、夏至时刻已差一天，五星（金、木、水、火、土）的出没时间更是相差40天。于是，祖冲之便动手编制了新的历法《大明历》，成为那个时代最准确

的历法。

462 年，33 岁的祖冲之上表孝武帝刘骏，请求对新的历法展开讨论。不料，却遭到皇帝宠幸的大臣戴法兴的反对。朝中百官惧怕戴的势力，多有所附和。祖冲之理直气壮，勇敢地进行了辩论，并写下了著名的驳议呈送皇帝。文中有他的两句名言，"愿闻显据，以核理实"，"浮辞虚贬，窃非所惧"。这场辩论反映了进步与保守、科学与反科学两种势力的斗争，这也是科学的每一次进步几乎都会遇到的。

由于种种阻碍，直到半个世纪以后，经过了刘宋王朝和萧齐王朝，在梁朝天监九年（510），在祖暅的坚决请求下，再经过实际天象的校验，《大明历》才终于以"甲子元历"之名正式颁行，那时祖冲之已去世 10 年了。这部历法引入了"岁差"的概念，把旧历中每 19 年闰 7 年改为每 391 年闰 144 年，使得一年的误差仅为 50 秒。直到宋代，才有更好的历法出现。

指南车和千里船

除了数学和天文学方面的工作以外，祖冲之还制造过各种奇巧的机械，包括指南车和千里船，他还通晓音律，堪称毕达哥拉斯式或阿基米德式的博学多才的科学人物。指南车的名称在我国由来已久，但其机制构造均未见流传。据说三国时期的大发明家马钧曾制造出指南车，但到晋朝时就已失传。

马钧是陕西兴平人，不善言辞，还口吃，有点儿像 16 世纪给出三次方程一般解的意大利人塔尔塔利亚（N. Tartaglia）。除了指南车，他还奉诏制木偶百戏，民间称"水转百戏"；又改造了织绫机，将工效提高了四五倍。马钧也改良了用于农业灌溉的龙骨水车，以及由诸葛亮

相传祖冲之建造的千里船

发明的军事机械连弩，后者是一种可以连续射箭的装置。

据说东晋末年，南朝刘宋的开国皇帝刘裕攻入十六国时期后秦的首都长安，得到的许多器物中就有指南车，但"机数不精，虽曰指南，多不审正，回曲步骤，犹须人功正之"。南朝宋顺帝在位时，辅政的萧道成"使冲之追修古法。冲之改造铜机，圆转不穷而司方入如一，马钧以来未有也"。

除了指南车，祖冲之还"以诸葛亮有木牛流马，乃造一器，不因风水，施机自运，不劳人力"，但因缺乏图像资料，我们无法想象这是何种机械。不过，祖冲之"又造千里船，于新亭江试之。日行八百里"。这显然是一种快船，却不知新亭江在何处，是否长江上的一段呢？他又"于乐游苑内造水碓磨，武帝（齐武帝）亲自临视"。

祖冲之的成就不仅限于自然科学方面，他还精通乐理，对音律颇有研究。有史料记载，"冲之解钟律博塞当时独绝，莫能对者"。另外，祖冲之著有《易义》《老子义》《庄子义》《释论语》等哲学著作，可惜与他的数学著作一样均已失传。他的文学作品有《述异记》，在宋代的类书《太平御览》等古籍中，尚可看到此文的片段摘录。

在祖冲之生活的年代，算盘尚未发明，人们使用一种叫算筹的计算工具，它是一根根几寸长的方形或扁形的小棍子，材质为竹、木、铁、玉等。计算数字的位数越多，所需要摆放的面积就越大，筹算每计算一次就要用笔记下结果，但这样就无法得到直观的图形和算式。因此只要有差错，就又要从头开始。祖冲之精益求精，反复筹算，才求得圆周率的精准数值。

至于祖暅，他的生卒年代不详，只知他曾任太府卿，这是南朝设置的掌管金帛财帛的官职。受家庭尤其是父亲的影响，祖暅从小就对数学产生了浓厚的兴趣，祖冲之的《大明历》便是在祖暅三次建议的基础上完成的。祖冲之的名著、曾作为唐代数学教科书并流传朝鲜和日本的《缀术》经学者们考证，有些条目实为祖暅所作。至于球体积计算公式，应该是祖暅一生最具代表性的发现。

纵观祖冲之父子的两项主要数学成就，因为阿基米德早已给出球体积计算公式，所以他们在圆周率方面的工作更为世人称道。但这类工作就像体育比赛的纪录一样，是为了被人打破而存在的。自从有了无穷级数表示法和计算机，圆周率的人为竞争便失去了意义。我认为，南宋数学家秦九韶的两项成就——中国剩余定理和秦九韶算法更有意义，也更重要。但圆周率的结论和故事无疑更易于被普通人了解，也更符合国人的英雄想象。

会造桥和打仗的秦九韶

他是他那个民族、他那个时代，也是所有时代最
伟大的数学家之一。

——［美］乔治·萨顿

杭州西湖的北边是一座 70 多米高的宝石山，山脚下是以民国建筑风格闻名的北山路，山顶东端有一座始建于五代十国的砖塔——保俶塔，迄今已有 1 000 多年了。山的北侧如今是著名的黄龙商务区，有位于山脚下的名胜黄龙洞，有位于杭大路两侧的五星级酒店——黄龙饭店和世贸君澜大饭店，也有浙江图书馆和浙江小百花越剧团。

在古代的大部分时间里，西湖都在城墙之外，宝石山北侧更是一片荒芜的田野。即便到了南宋，在作为都城的杭州（临安），皇城设在西湖西南的玉皇山下，宝石山北仍属郊区，有一条叫西溪的河流穿过。终于有一天，在距离宝石山数百米远的地方建起了一座石桥，连接起西溪两岸。它位于今天杭大路和西溪路交界处西侧，1987 年冬天我来到杭州时此桥还在，可以行走和通车，它的名字叫"道古桥"。

会造桥的气象学家

在我的记忆里，道古桥长宽各五六米，两侧护栏上有方形石柱。桥西是一个村庄，村民有房屋出租，其中一户住家是我的亲戚，因此我常过此桥。只是走不了 100 多米，便是田野小路，两旁种着庄稼。那会儿既没有黄龙路，也没有黄龙体育中心。我有时会骑车穿行在那条无名小路上，去玉古路看望一位前辈同事。

多年以后，在道古桥及其下面的溪流消失之后，我才开始了解它的来历和故事。原来，道古桥始建于南宋嘉熙年间，初名西溪桥。南宋地方志《咸淳临安志》有载："'西溪桥'，本府试院东，宋代嘉熙年间道古建造。"这个造桥的道古不是别人，正是南宋大数学家、气象学家秦九韶，道古是他的字。

秦九韶祖籍河南范县，该县位处鲁豫交界处，县城有数百年设在山东莘县境内，故他自称山东鲁郡人。秦九韶出生在四川普州（今成渝之间）安岳，并在那里长大。其父中过进士，曾任巴州（今四川东北巴中）太守，1219 年此地发生了一起兵变，秦九韶的父亲弃城逃走，辗转来到首都临安，全家住在西溪河畔。

1201 年春天，即秦九韶出世的前一年，临安发生了一场火灾。大火烧了三天三夜，烧毁了御史台、军器监、储物库等官舍，受灾居民达 35 000 多家、18 万人，死亡 59 人。这是南宋定都临安后发生的最大一次火灾，火灾后，部分朝廷命官携家眷迁居当时属于郊外的西溪河畔。

秦九韶自幼聪颖好学，兴趣广泛。他的父亲来临安后一度出任工部郎中，掌管营建；后任秘书少监，掌管图书，这使秦九韶有机会博览群书，学习天文历法、土木工程和数学、诗词等。1238 年，秦九韶回临安丁忧父（为父奔丧），见河上无桥，两岸人民往来很不方便，于是亲自设计，再设法从府库获得银两资助，在西溪河上造了一座桥。

桥建好后没有取名字，因为建在西溪河上，所以被称作"西溪桥"。直到元代初年，另一位大数学家、游历四方的北方人朱世杰来到杭州，才提议将"西溪桥"更名为"道古桥"，以纪念造桥人、他所敬仰的前辈数学家秦九韶，并亲手将桥名书镌桥头。

道古桥一直存在到新千年之交（历史上有无重建不得而知），因为西溪路扩建改造，原先的桥和小溪被夷（填）为平地（道古桥居委会也随之消失），并建起高楼大厦，诸如国际商务中心、浙江省国土资源厅和黄龙世纪雅苑，只留一个公交车站名为道古桥（据说还有地图上未标示的道古桥路）。

2005 年，西溪河支流沿山河上修建了一座人行石桥，西距道古桥原址约 100 米。我前往实地勘察，此桥跨河而建，两岸垂柳披挂，风景优美，且闹中取静，尚未命名。故突发联想，建议将其复名为"道古桥"，后杭州市政府果然予以批准。立碑时我亲自挑选石料，草拟碑文，并邀请数学家王元先生题写了桥名，可惜没有秦九韶塑像。

西溪河上的新道古桥。作者摄

后来我得知，在南京玄武湖南边鸡鸣山巅的北极阁气象博物馆里，有数位古代著名气象学家的雕塑，其中也有秦九韶。一日我前往探视，见到了那尊富有现代感的秦九韶雕塑，系雕刻家吴为山的作品。它的碑文上写着：他用"平地得雨之数"（即单位面积内的降雨量）量度雨水，在世界上最早为雨量和雪量测定提供了科学理论依据。

会打仗的数学家

秦九韶自幼生活在四川，18 岁时曾"在乡里为义兵首"，后随父移居京城临安。据说他"游戏、球、马、弓、剑，莫不能知"。1225 年，秦九韶的父亲被任命为潼川（今四川绵阳三台）知府，该地靠近吐蕃部落，为边关重地。秦父决定把家眷安置在离临安不远的湖州，只携心爱的小儿子秦九韶前往赴任。秦九韶曾出任擢郪县县尉，故有为义兵首的说法，表明他有领兵打仗的才能。

1232 年，秦九韶考中进士，之后他曾在四川、湖北、安徽、江苏、江西、广东等地为官。1236 年，元兵攻入四川，嘉陵江流域战乱频繁，当时在故乡为官的秦九韶不得不时常参与军事活动。在《数书九章》序言中，秦九韶写道："际时狄患。历岁遥塞，不自意全于矢石间，尝险罹忧，荏苒十祀，心槁气落。"这段文字真实地反映了那段动荡的生活。后来，他不得不离开故乡，先后出任湖北蕲春通判和安徽和州太守。

1244 年，秦九韶任建康府（南京）通判期间，因母丧离任，回浙江湖州丁忧母。正是在湖州守孝的三年期间，秦九韶专心研究数学，完成了 20 多万字的《数书九章》，因此名声大振，加上他在天文历法方面的丰富知识和成就，曾受皇帝（宋理宗赵昀）召见。他在皇帝面前阐述自己的见解，并呈奏稿和"数术大略"（即《数书九章》）。

《数书九章》分九章九类。在卷二天时类中，秦九韶给出了历法推算和雨雪量的计算。最有数学价值的要数卷一的"大衍术"和卷九的"正负开方术"。"正负开方术"即今天所指的"秦九韶算法"，这是有关一般 n 次代数方程的正根解法。在古代，方程论是数学的中心课题。可是在宋代以前，学者们只能解系数为正整数的方程。11 世纪的北宋

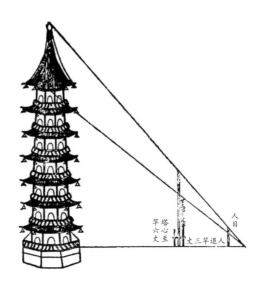

《数书九章》插图，疑为湖州飞英塔

数学家刘益虽去掉了正整数的限制，但方法不够完整和系统。

在秦九韶之前，解此类方程需经 $n(n + 1)/2$ 次乘法，而秦九韶将其转化为 n 个一次式，只需 n 次乘法，他还给出了 21 个十次方程的例子。在欧洲，直到 19 世纪初，这一算法才被英国数学家霍纳（W. G. Horner）重新发现，被称为"霍纳算法"。即便在计算机时代的今天，秦九韶（霍纳）算法仍有重要意义。此外，秦九韶还提出了"三斜求积术"，此乃著名的海伦公式（已知三角形的三条边长求面积）的等价形式。

值得一提的是，《数书九章》里有一幅插图，是关于计算图中的宝塔塔尖高度的。通过观察角度的调整和正切函数的运用，便可以求解。这座宝塔与今日湖州城内唐代建造的飞英塔造型相似，后者系全国重点文物保护单位。虽然飞英塔的内塔和外塔分别建于唐代和北宋年间，但在 12 世纪前后被拆毁，现在的塔重建于 13 世纪 30 年代，刚好在秦九韶寓居湖州之前。

中国剩余定理

"大衍术"是中国古代数学家提出的最著名的定理。大约在四五世纪成书的《孙子算经》里有所谓的"物不知数"问题。"今有物不知其数，三三数之剩二，五五数之剩三，七七数之剩二，问物几何？""答曰二十三"。换句话说，孙子只是给出了一个特殊的例子。而在江苏淮安的民间传说里，下面这则故事则可追溯至公元前二三世纪，西汉名将韩信用此方法点兵，以提升和振奋士气。

秦朝末年，楚汉相争。一次，韩信率兵与楚军交战。苦战一场，汉军死伤数百，遂整顿兵马返回大本营。当行至一处山坡，忽报楚军骑兵追来。只见远方尘土飞扬，杀声震天。此时汉军已十分疲惫，韩信令士兵 3 人一排，结果多出 2 名；接着令 5 人一排，结果多出 3 名；再令士兵 7 人一排，又多出 2 名。韩信当即宣布：我军 1 073 名勇士，敌人不足 500。果然士气大振，一举击败了楚军。

用现代数学语言来表述，"大衍术"是：设有 k 个两两互素的大于 1 的正整数 $m_i(1 \leqslant i \leqslant k)$，其乘积为 M。则对任意 k 个整数 a_i，存在唯一不超过 M 的正整数 x，x 被各个 m_i 除所得余数依次为 a_i。秦九韶给出了求解的过程，为此他提出了"辗转相除法"（欧几里得算法）和"大衍求一术"。后者是指，设 a 和 m 是互素的正整数，m 大于 1，可以求得唯一的正整数 x（不超过 m），使得 ax 被 m 除后余数为 1。

1801 年，德国数学家高斯在其著作《算术研究》里也给出了上述结果，但他不知道中国数学家早已做到。直到 1852 年，秦九韶的工作被英国传教士伟烈亚力（A. Wylie，与清代数学家李善兰合作完成欧几里得《几何原本》中译本）译介到欧洲，并被迅速从英文转译成德文和法文，引起了广泛关注。至于何时何人命名了中国剩余定理，仍是一个未解之谜，但应该不晚于 1929 年。

据我的先师潘承洞教授分析，西方人之所以称之为中国剩余定理，是因为古代中国数学家注重计算，缺乏理论建树，因而是一种轻视。但无论如何，它都可以说是中国人发现的最具世界性影响的定理，是中外任何一本基础数论教科书不可或缺的，而且被推广至另一数学分支——抽象代数。此外，它还被应用于密码学、哥德尔不完备性定理的证明，以及快速傅里叶变换理论等诸多领域。

德国数学史家莫里斯·康托尔（M. Cantor）赞扬秦九韶是"最幸运的天才"。有着"科学史之父"美誉的美国科学史家萨顿（G. Sarton）甚至认为，秦九韶是"他那个民族、他那个时代，也是所有时代最伟大的数学家之一"。2005 年，牛津大学出版社出版了《数学史，从美索不达米亚到现代》，该书内容提要仅提及 12 位数学家，秦九韶是其中唯一的中国人。

值得一提的是，在中国的数论教科书里，中国剩余定理被称为孙子定理，这是因为如下节所言，虽然秦九韶第一个给出了此定理的完整陈述和求解方法，但由于他的道德疑案，史书、地方志或教科书里均未出现他的名字。而依照国际惯例，中国剩余定理或孙子定理应被称为秦九韶定理。在我的数论著作《数之书》里，无论中文版（2014）还是英文版（2016），均率先这样称呼它。

有待澄清的疑案

必须指出的是，由于秦九韶的学术成就未被同代人认可，加上一些不好的传闻和说法，称其贪赃枉法、生活无度，甚至伤及人命，导致他在后世成为有争议的人物。宋史和地方志未为他列传，他的名字时隐时现，后裔也隐姓埋名。不仅中文教科书里不出现他的名字，就连英国BBC制作的4集纪录片《数学的故事》也一味渲染他的道德污点（他是片中唯一提及的中国人）。

经过多方求证，我得知关于秦九韶的传闻有两个出处，其内容大有相通之处。福建词人刘克庄的《缴秦九韶知临江军奏状》在前，湖州文人周密的《癸辛杂识·续集》（癸辛是杭州街名）在后，后者曾被《四库全书》列入"小说家之类"而流传。

到了清代，扬州学派学者焦循、阮元和湖州藏书家陆心源等相继批驳周密，指其造谣诽谤，始有人为秦九韶列传。刘克庄生前即被认为谀辞谄语，连章累牍，为人所讥。1842年，《数书九章》由历算名家宋景昌校订后首次印行出版，结束了近600年的传抄史。从这个意义上说，《数书九章》堪与荷马史诗媲美。

需要指出的是，吴潜和贾似道是宋理宗时一忠一奸的宰相，秦九韶和刘克庄分别与两人过从甚密。吴潜出身状元，正直无私、忧国忧民、忠君爱国，还是一代词人、水利专家和抗倭英雄，而贾似道恶贯满盈、卖国求荣，人称"蟋蟀宰相"。1261年，即秦九韶去世那年，年近七旬的吴潜被贾似道罗织罪名，再度罢免宰相，流放岭南，次年便暴病身亡（疑被投毒杀害）。

吴潜本是湖州人（一说是安徽宁国人），秦九韶在巴州任职时便与之相识，后一同在湖州丁忧母。或许是因为秦九韶在吴潜赠送的土地上建起的房子有些奢华，招致落魄文人周密的嫉妒。又或许是因为周密是本地人而秦九韶是异乡人。据说秦九韶在诗词骈俪方面也颇有造诣，因此也不排除文人相轻的可能性。

秦九韶造桥的故事，堪与牛顿造桥的故事媲美。现今流经剑桥大学皇后学院的剑河上有一座数学桥，相传设计师是牛顿，并因此闻名。据说牛顿造桥时没用一根钉子，后来有好事者悄悄把桥拆开，发现真是这样，却再也无法安装回去，只好在原址重造一座桥，如今它是到访剑桥的旅客必游之地。

剑桥的数学桥，相传为牛顿设计。作者摄

最后，我想谈谈秦九韶为《数书九章》所作的自序。他在开头提到，自周朝数学便属"六艺"之一，学者和官员们历来重视、崇尚数学。从大的方面说，数学可以认识自然，理解人生；从小的方面说，数学可以经营事务，分类万物。秦九韶坚信，世间万物都与数学相关，这与毕达哥拉斯学派的观点不谋而合。

正是因为这一点，秦九韶向学者、能人求教，深入探索数学之精微。"我在青少年时代曾随父亲到过都城临安，有机会访问国家天文台的历算家，向他们学习历算。此外，我还从隐居的学者那里学习数学。"后来元军入侵四川，秦九韶返回故乡为官，有时不得不在战乱中

秦九韶塑像，吴为山作。
作者摄于南京

长途跋涉，可是他仍不忘钻研数学。

与此同时，秦九韶也感叹，数学家的地位和作用不被人们所认同。他认为，数学这门学问遭到鄙视，算学家只被当作工具使用，就犹如制造乐器的人只能拨弄出乐器的声音。"原本我想把数学提升到道的高度，只是实在太难做到。"由此我们可以推断，这是一位有思想、有品位的人，与传言描述的秦九韶实不相符。

我殷切期望，在不久的将来，会有像李安那样的好导演来拍一部关于秦九韶的传记片。电影的素材应有尽有，例如南宋、科举、战争、文人、冥想、发现、丁忧、火灾、洪水、桥梁、建筑、皇帝、宰相、贪婪、杀戮、乱政、边关；秦九韶的生活和品德可以按两种方式演绎——政敌的诽谤和著述中折射出来的理性之光。

拿破仑与他的数学家师友

蒙日爱我，就像一个人爱他的情人。

——［法］拿破仑·波拿巴

拿破仑·波拿巴

1769 年，正当两位姓氏以 L 字母开头的法国青年数学家意气风发〔31 岁的拉格朗日（J. L. Lagrange）在普鲁士科学院担任数学物理学部主任，20 岁的拉普拉斯（P. S. Laplace）受聘巴黎军事学院数学教授〕之时，他们未来的学生、朋友和执政官拿破仑·波拿巴在地中海第四大岛——科西嘉呱呱坠地。仅仅一年以前，这座岛屿还隶属于亚平宁半岛的热那亚，倘若这桩关于岛屿的交易推迟若干年进行，欧洲的历史恐怕需要重新书写。

这是因为成年后的拿破仑会更加强烈地意识到自己是热那亚人，所以极有可能致力于意大利的领土扩张，或参加抵抗法兰西的地下组织，正如他父亲所做的那样。事实上，拿破仑家族原本是以佛罗伦萨为首府的托斯卡纳大区的贵族。科西嘉抵抗组织确实成立了，可是不久后领导人便逃亡在外，律师出身的老波拿巴为了儿子的教育和前程，不得不臣服于新主子。

这样一来，年少的拿破仑才有机会进入军事学校预科班，后来经过多次转学，最终进入巴黎军事学院，专修炮兵学。正是在这所学院里，颇有数学才华的拿破仑结识了大数学家拉普拉斯。1785 年毕业前夕，拿破仑的父亲病逝，拉普拉斯被学校指定单独对要求提前毕业的16 岁的拿破仑进行考试。也是在那一年，拉普拉斯荣升为法国科学院院士。

毕业后，拿破仑做了炮兵少尉。不久，他回科西嘉岛待了两年，可见对故乡很有感情。后来他又多次返乡，如果有需要，他很有可能助其独立。可是，随着法国大革命渐入高潮，拿破仑更多地被巴黎所吸引。作为伏尔泰（Voltaire）和卢梭（J. J. Rousseau）的忠实读者，拿破仑相信法国需要一场政治变革。不过，1789 年 7 月 14 日（后成为法国国庆日），当巴黎的群众攻占了巴士底狱时，拿破仑却身处外省。

拿破仑在等待命运女神的眷顾。1793 年 1 月，法国国王路易十六被送上断头台。第二年冬天，在法国南部港口城市土伦，拿破仑率领他的炮兵，击败了前来保驾的英国军队。他一战成名，被晋升为准将。1795 年，正当保王党试图在巴黎夺权时，他们的阴谋被拿破仑粉碎。至此，26 岁的科西嘉人拿破仑成了法国大革命的救星和英雄。

也是在 1795 年，古老的巴黎大学被国民议会关闭，取而代之的是新成立的巴黎综合工科学校，还有前一年成立的巴黎高等师范学校。虽然两校原先的宗旨分别是培养工程师和教师，却都把数学放在十分重要的位置上。负责综合工科学校建校工作的是数学家孔多塞（M. Condorcet），他把法国最有名的数学家都邀请了过来：拉格朗日、拉普拉斯、蒙日。

与此同时，拿破仑仍率兵南征北战，意大利、马耳他和埃及都留下了他的足迹。当他班师回国时，可以说是独揽军政大权，就像当年从埃及返回罗马的尤利乌斯·恺撒（J. Caesar）。在 18 世纪的最后一个圣诞节，法国颁布了一部新宪法，拿破仑作为第一执政官拥有无限权力，可以任命部长、将军、地方长官和参议员，他的数学家朋友们也纷纷被封高官。

拿破仑野心勃勃，同时倾心于推理和才智之士。然而，战争仍在继续，领土扩张才刚刚开始，对第一执政官来说，要巩固政权，要完成帝国的伟业，军队需要得到最细心的养护。于是，巴黎综合工科学校被军事化，致力于培养炮兵军官和工程师，教授们被鼓励研究力学问题，研制炮弹或其他杀伤力强的武器。

1803 年铸造的金币，刻着第一执政官的头像

早年的数学功底，加上与数学家们的交往，使得拿破仑有能力和勇气向他们提出这样一个几何问题：只用圆规，不用直尺，如何把一个圆周四等分？这等于把欧几里得作图法中没有刻度的直尺也去掉了。这个难题后来由因战争受困巴黎的意大利数学家、诗人马斯凯罗尼（L. Mascheroni）解决了，具体作图方法如下：

取已知圆 O 上任一点 A，以 A 为起点把圆六等分，分点依次为 A、B、C、D、E、F（如下页图所示）。分别以 A、D 为圆心，AC 或 BD 的长为半径作两个圆，相交于 G 点。再以 A 为圆心，OG 的长为半径作圆，交圆 O 于 M、N 点，则 A、M、D、N 可四等分圆 O 的圆周。这是因为按照勾股定理，$AG^2 = AC^2 = (2r)^2 - r^2 = 3r^2$，$AM^2 = OG^2 = AG^2 - r^2 = 2r^2$，$AM = \sqrt{2}r$，因此 $AO \perp MO$。

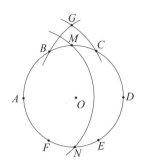

圆四等分问题的解答

高耸的金字塔

我们先来谈谈拉格朗日，他被视为18世纪最伟大的两位数学家之一，另一位是瑞士人欧拉。拉格朗日出生在意大利西北部名城都灵，即菲亚特汽车和尤文图斯足球队的发源地。由于与法国近在咫尺，都灵在16世纪一度被法国占有，而在拉格朗日生活的年代，它是撒丁王国的首都。这个地位直到19世纪才有所改变，在此之前都灵成为实现意大

拉格朗日像

利统一的政治中心，以至于独立后它先于罗马成为首都。

拉格朗日是法意混血儿，以法国血统居多。他的祖父是法国骑兵队队长，为撒丁岛国王服务后，在都灵定居下来，并与当地的望族联姻。拉格朗日的父亲也一度担任撒丁王国的陆军部司库，却没有管理好自己的家产。拉格朗日将此看成是发生在自己身上最幸运的事，"要是我继承了一大笔财产的话，我或许就不会与数学为伍了"。

起初，拉格朗日感兴趣的是古典文学，欧几里得和阿基米德的著作并没有让他产生多少热情。后来有一次，他读到英国天文学家哈雷（哈雷彗星的发现者）写的一篇赞颂微积分的科普文章，就被这门新学科迷住了。在极短的时间内，他通过自学掌握了那个时代的所有分析知识。他不到 20 岁就成了都灵皇家炮兵学院的数学教授。到 25 岁时，他已步入世界上最伟大的数学家之列。

在今天我们熟知的数学符号中，函数 $f(x)$ 的导数符号 $f'(x)$ 是由拉格朗日引进的，他还发现了以他的名字命名的拉格朗日中值定理。在被 19 世纪爱尔兰数学家哈密尔顿（W. R. Hamilton）赞誉为"科学的诗"的《分析力学》中，拉格朗日建立起包括被后人称作拉格朗日方程的关于动力系统的一般方程，这部著作对于一般力学的重要性就像牛顿的万有引力定律对于天体力学一样。

从一开始，拉格朗日就得到了年长他近 30 岁的竞争对手欧拉的慷慨赞誉和提携，这成了数学史上的一段佳话。与欧拉一样，拉格朗日在研究分析及其应用之余，沉湎于解决奥妙无穷的数论难题。例如，他曾证明了法国数学家费尔马的两个重要猜想，包括把任意一个自然数表示成 4 个整数之和，在同余理论和群论中也都存在拉格朗日定理。

由于拉格朗日所取得的成就，撒丁国王为他提供了去巴黎和伦敦游学的费用，但他却在巴黎生了一场大病，待到身体稍好便急切地返回都灵。不久，他接受了普鲁士国王腓特烈二世的邀请，到柏林的普鲁士科学院任职 20 年，直到腓特烈二世去世。这一回，法国终于没再错过拉格朗日，路易十六把他邀请到了巴黎。不过，那时拉格朗日的兴趣已转向人文科学、医学和植物学了。

直到法国大革命的浪潮席卷巴黎，这才重新激活了拉格朗日的数学头脑。巴黎高等师范学校成立时，他被任命为教授，之后又成了巴黎综合工科学校的第一位教授，为拿破仑麾下的军事工程师们讲授数学，其中就有未来的数学家柯西（A. L. Cauchy）。在战事间歇返回巴黎的拿破仑时常来拜访拉格朗日，谈论数学和哲学，并让他当上了参议员和伯爵。"拉格朗日是数学科学领域中高耸的金字塔"，这是那位征服过埃及的皇帝对拉格朗日的赞誉。

法兰西的牛顿

晚年的拉格朗日不无嫉妒地谈到了牛顿，"无疑，他是特别有天赋的人，但是我们必须看到，他也是最幸运的人，因为找到建立世界体系的机会只有一次"。相比之下，拉普拉斯比拉格朗日更为不幸，因为他不仅无法取得像牛顿那样的成就，而且由于他的学术生涯均匀地分布在两个世纪，可是，18 世纪有欧拉和拉格朗日，19 世纪有高斯。因此，诸如某某世纪最杰出的数学或科学人物之类的头衔落不到他头上。

尽管如此，拉普拉斯仍然度过了辉煌的一生，这与他有一个像拿破仑那样的学生不无关系。虽然拉普拉斯的双亲都是农民，但他在乡村学校读书时就显现出多方面的才能，包括辩论口才和记忆力。他得到富有邻居的关照，为他写了推荐信，18 岁的拉普拉斯才有机会去巴黎。后来通过他自己的努力，再加上《百科全书》副主编、大名鼎鼎的数学家达朗贝尔的引荐，拉普拉斯当上了巴黎军事学院的教授。

相比拉格朗日，拉普拉斯在纯粹数学方面花费的精力不多，不过也有所成就。在高等代数的行列式计算里，有按某些行（列）展开的

拉普拉斯车站。作者摄于巴黎

拉普拉斯定理，即设任意选定 k 行（列），则由这 k 行（列）元素所组成的一切 k 级子式与它们的代数余子式的乘积之和等于行列式的值。在微分方程中，也有所谓的拉普拉斯变换和拉普拉斯方程。

最令拉普拉斯自豪的还是 5 卷本的《天体力学》，这为他赢得了"法兰西的牛顿"的美称。他从 24 岁开始就把牛顿的引力说应用于整个太阳系，探讨了为何土星轨道不断膨胀而木星轨道则不断收缩这类特别困难的问题，证明了行星轨道的偏心率和倾角总保持很小且恒定，还发现了月球的加速度同地球轨道的偏心率有关。

如何评价拉普拉斯和拉格朗日这两位科学巨人，这是后来的数学家同行们必须面对的问题。19 世纪的法国数学家泊松（S. Poisson）这样写道："拉格朗日往往在他探讨的问题中只看到数学，把它作为问题的根源，他高度关注数学的优美与普遍性。拉普拉斯则主要把数学作为一个工具，每当一个特殊的问题出现时，他就巧妙地修改这个工具，使它适用于该问题。"可以说，他们俩分别是纯粹数学与应用数学领域的巨人。

至于在为人处事或人格方面，两个人也有着鲜明的差别。傅里叶（J. Fourier）曾这样评价拉格朗日："他淡泊名利，用他的一生，高尚、质朴的举止，崇高的品质，以及精确而深刻的科学著作，证明了他对人类的普遍利益始终怀着深厚的感情。"而拉普拉斯则被视为数学家中的势利小人，数学家 E. T. 贝尔（E. T. Bell）评价他"贪图名利，政治上摇摆不定，为了得到公众的尊重，成为不断变化的注意力的焦点而出风头"。

不过，拉普拉斯的性格中也有谦逊的一面。例如，他的临终遗言是这样说的："我们所知的不多，我们未知的无限。"正因为如此，他的学生拿破仑一边批评他"到处找细微的差别"，把无穷小精神带入行政工作；一边又授予他法国荣誉军团的大十字勋章和留尼汪勋章，在任命他为经度局局长之后，又让他当上了内政部部长。

皇帝的密友

有一个流传甚广的故事：称帝后的拿破仑读完《天体力学》后问它的作者："为何你的著作里没有提到上帝？"拉普拉斯答道："陛下，我不需要那个前提。"拉普拉斯舍弃上帝可能是想胜牛顿一等，因为牛顿不得不依赖上帝的存在和"第一推动力"，而且拉普拉斯考虑的天体比起牛顿的太阳系范围更广。

无论是拉普拉斯还是拉格朗日，他们与拿破仑的关系都属于伟大的科学家与开明君主之间的关系，充其量也只是君臣关系。蒙日就不同了，虽然他比拉普拉斯还年长三岁，却由于个人阅历和开放的性格，与年轻的拿破仑建立起亲密的友谊。正如拿破仑所言，"蒙日爱我，就像一个人爱他的情人"。

蒙日出生在法国中部盛产葡萄酒的勃艮第大区，他的父亲虽只是一个小贩和磨刀匠，却很重视儿子的教育，促使蒙日在学校的课业成绩门门领先，包括体育和手工。14 岁那年，蒙日在没有图纸的情况下设计出一架消防用的灭火机。两年后，他又独立绘制出一幅家乡的大尺寸地图，因此被人推荐到里昂一所教会学院教授物理学。

有一次，在从里昂回家乡的路上，蒙日遇见一位看过他手绘地图的军官，军官把他介绍到北部城市沙勒维尔－梅济耶尔的皇家军事工程学院做教官。那座城市紧邻比利时，大诗人兰波（A. Rimbaud）于一个世纪后诞生在那里。测量和制图是蒙日的日常工作，结果他创立了画法几何，也就是在平面上描画三维立体图形的方法。这是如今工程、机械和建筑制图的重要手段，中学里所学的三视图是其中的一种简约方法。

1768 年，22 岁的蒙日被任命为皇家军事工程学院的数学教授，后又兼任物理学教授。1783 年，蒙日到巴黎担任法国海军军官候补生资格的主考官，那时他已完成学术生涯中的大部分数学发现。蒙日到巴黎以后，便陷入了权力斗争，接着法国大革命爆发，他不得不卷入其中，甚至被革命党人逼迫担任新政府的海军部长。在蒙日逃离巴黎后，他收到了执政官拿破仑的来信。

信的开头，拿破仑回忆了若干年以前他这个年轻不得志的炮兵军官受到当时担任法国海军部长的蒙日的热情接见，接着对蒙日不久以前完成的一次意大利公务旅行表示感谢。原来，那次拿破仑派蒙日到意大利，负责挑选意大利人作为战败赔偿而献给拿破仑的绘画、雕塑和其他艺术作品。幸亏蒙日手下留情，为拿破仑的故国保存了相当多的稀世珍品。从那以后，他们保持着长期亲密的友谊。即使在拿破仑称帝之后，蒙日也是唯一敢在拿破仑面前讲真话甚至顶撞他的人。

法国发行的蒙日纪念邮票

巴黎综合工科学校创办后，蒙日出任第一任校长。1798 年，拿破仑亲率大军远征埃及，蒙日随同前往。据说在地中海的航程中，拿破仑在旗舰上每天早晨都要召集蒙日等人讨论一个重大话题，比如地球的年龄、世界毁于洪水的可能性、行星上是否可以住人，等等。在抵达开罗之后，蒙日以法兰西学院为蓝本，帮助建成埃及研究院。

在数学上，除了创建画法几何以外，蒙日还是微分几何的先驱。这是用微积分研究曲线和曲面性质的几何学，其特点是曲面和曲线的各种性质可由微分方程表示，这也是"微分几何"一词的由来。蒙日于 1807 年出版了《分析在几何学中的应用》，这是最早的微分几何著作。他给出了所谓可展曲面的一般表示，并证明了除垂直于平面的柱面以外，这类曲面总满足所谓的蒙日方程。

蒙日在巴黎综合工科学校做校长时，常给学生讲课。有一次，他在课上发现一个巧妙的几何定理。众所周知，四面体（如金字塔）有 4 个面和 6 条边，每条边只与另外 5 条边中的一条边不相交，它们互为对边。蒙日定理是指，通过四面体的每条边的中点并垂直于其对边的平面（共 6 个）必交于一点，此点和那 6 个平面分别被称为"蒙日点"和"蒙日平面"。

值得一提的是，有机会去巴黎的读者可以在那座城市找到蒙日大街、蒙日广场（有同名地铁站）和蒙日咖啡馆，它们都在巴黎五区。

巧合的是，拉格朗日街和拉普拉斯街也在五区。巴黎有 100 多个街道、广场都以数学家的名字命名，包括本文提到的每一位数学家。这在全世界绝无仅有，至于是否和与数学家有缘的拿破仑·波拿巴有关，就不得而知了。

首日封，蒙日大街上的蒙日咖啡馆

皇帝、女皇与数学大咖

如果在船的桅杆顶上放置一个光源，当船驶离海岸时，岸上的人们会看见亮光逐渐减弱，直至消失。

——［波兰］哥白尼

欧几里得与阿基米德

一般来说,数学家不太过问政治,他们不像艺术家那样惹是生非,这一点晚年的波德莱尔(C. Baudelaire)似有所悟。这位法国 19 世纪最著名的现代派诗人、象征派诗歌先驱,终其一生都过着波希米亚式的放浪生活,晚景颇为凄凉。波德莱尔曾引用 17 世纪法国数学家帕斯卡尔(B. Pascal)的话:"几乎所有灾难的发生,都是由于我们没有老老实实地待在自己的屋子里。"正因为如此,许多政治人物愿意与数学家交往,有的甚至痴迷于数学问题。

欧几里得是古希腊几何学的集大成者,他的出生地和确切的生活年代至今仍是未解之谜。我们只知道他曾在雅典的柏拉图学园求学,后来被埃及国王托勒密一世延聘到亚历山大大学数学系任教,那里有一座藏书量惊人的图书馆,欧几里得由此完成《几何原本》,这是数学史上最知名的著作之一。

这部著作是推动现代科学产生的一个主要因素,作为演绎推理结构方面的杰出典范,它甚至给哲学家们带来了启示。至于欧几里得的个人品格,从两个故事中可窥见一斑。当有位学生问起学习几何学能得到什么回报时,欧几里得便命令奴仆给这个学生一个便士,并对身边的人说"因为他总想着从学习中得到好处"。当国王托勒密一世向欧几里得询问学习几何学的捷径时,他的回答同样十分客观:"在几何学中没有王者之路。"

这位国王是马其顿人，曾是亚历山大大帝的将军，在后者去世后入主埃及，成为拥有 15 代国王的托勒密王朝的开国皇帝，该王朝的末代皇帝是埃及艳后克娄巴特拉与罗马统治者尤利乌斯·恺撒的儿子。值得一提的是，这个皇族与 2 世纪建立"地心说"的希腊天文学家、地理学家和数学家托勒密并无亲戚关系。

在欧几里得去世前几年出生的阿基米德，是古代世界最伟大的数学家和科学家，他被后人誉为"数学之神"。阿基米德少年时曾到亚历山大念书，结交了数位志同道合的朋友（其中包括欧几里得的弟子）。返回故乡叙拉古（今意大利西西里岛）以后，备受国王希罗二世的器重。有一个流传甚广的故事是，

菲尔兹奖章上的阿基米德肖像

希罗国王请人打造了一顶黄金王冠，他怀疑这个王冠里掺了白银，便求教于阿基米德。

这则故事被记载在公元前 1 世纪罗马建筑学家维特鲁威（Vitruvius）的著作《建筑十书》中。有一天，阿基米德在木桶里沐浴时注意到，溢出木桶的水和他的体积相等。他由此联想到，相同重量的两个物体，比重小的溢出的水较比重大的多。这就是著名的浮力定律，阿基米德用它解决了希罗国王提出的问题，并得到国王的尊重，最后他为国捐躯。

1 世纪的克劳狄一世是第一个出生在意大利以外的古罗马皇帝，且有明显的身体残疾（可能患有小儿麻痹症），历史学家塔西陀（Tacitus）还嘲笑他性格"懦弱"。但他在位时政绩显赫，把罗马帝国的统治区域扩大到北非，并御驾亲征渡过英吉利海峡，使不列颠成为

罗马帝国的一个行省。此外，他对历史也颇有研究，曾用希腊文写成大部头的史学著作。

更为有趣的是，传说这位皇帝写过一本题为"如何在掷骰子中获胜？"的小册子，探讨了概率问题，可惜它没有保存下来。1654年，法国数学家帕斯卡尔和费尔马以通信的方式奠定概率论的基础，他们的出发点依然是像掷骰子那样的赌博游戏。

2月与罗马的统治者

1543年5月24日，弥留之际的波兰天文学家哥白尼收到了从德国纽伦堡寄来的《天体运行论》样书，两天以后他与世长辞。哥白尼相信，研究天文学只有两件法宝：数学和观测。在这部著作里，哥白尼提出了"日心说"，认为地球是围绕太阳旋转的。他在书里写道，如果在船的桅杆顶上放置一个光源，当船驶离海岸时，岸上的人们会看见亮光逐渐减弱，直至消失。

地球围绕太阳的旋转被称为公转，公转一周所需的时间为地球的公转周期，通俗的说法就是"年"。由于选取的参考点不同，年可分为恒星年、回归年和近点年。恒星年被视为地球公转的真正周期，回归年比恒星年短约20分24秒，它是地球四季变化的周期，与人类的生活和生产的关系极为密切。

天文学家和数学家早已测算出，一个回归年的时间约为365.242 2天，于是日历上每年有365天。这一历法是从古罗马的儒略历演变而来的。公元前46年，罗马帝国的统治者尤利乌斯·恺撒颁布了新的历法，即儒略历（"儒略"是"尤利乌斯"的另一种翻译），规定每年12个月大小月交替，即分别有31天和30天。

可是，这样一来，每年就有 366 天，需要从某个月中减去一天。因为当时每年的 2 月是罗马帝国处决犯人的时间，所以 2 月被视为不吉利的月份。故而，恺撒决定将 2 月减去一天，也就剩下 29 天了。

另一方面，地球公转周期每年会多出 0.242 2 天，大约每 4 年就会多出一天。于是恺撒每隔三年安排一个闰年，或者说每 4 年中有一个闰年；也就是说，平年每年 365 天，闰年每年 366 天。因为 2 月天数最少，所以闰年增加的那一天给了 2 月，即 2 月 30 日。

儒略历颁布才两年，恺撒就被他的情人的儿子布鲁图斯刺杀了。恺撒死后，他的甥孙兼养子屋大维击败了竞争者安东尼，缔造了罗马帝国并成为第一位奥古斯都，即皇帝。屋大维是元首政治的创始人，统治罗马帝国长达 40 年。他发现恺撒出生的 7 月份有 31 天，而自己出生的 8 月份却只有 30 天，便下令从 2 月份减去一天加到 8 月份。

这样一来，2 月在平年有 28 天，在闰年有 29 天。同时，8 月变成了 31 天，8 月以后的 4 个月份的天数也做了相应的调整。不过对于这件事的来龙去脉，并没有其他历史记载或证据。它很可能只是一个传说故事，却因为有板有眼且有数学含量，全世界的人们大多相信它是真的。

可是，地球的回归年比 365 天多出的是 0.242 2 天，而非 0.25 天，仍存在误差，所以每 400 年中要取消 3 个闰日，这就是现在全世界通行的公历或阳历——格里高利历。这种历法由意大利医生里利乌斯（A. Lilius）率先提出，他去世后又由德国数学家、天文学家克拉维

公历之父——里利乌斯医生铜像

乌斯（Clavius）修订，并由罗马教皇格里高利十三世于 1582 年 3 月
1 日颁布，于 10 月 4 日开始实行。格里高利是罗马教皇的称号，共有
16 位，以七世和十三世最为著名。

1582 年 10 月 4 日后的一天是 10 月 15 日，而不是 10 月 5 日，但
星期几仍然连续计数：10 月 4 日是星期四，第二天 10 月 15 日是星期
五。这样就把 1 000 多年来积累的误差一笔勾销了。新的闰年计算方
法为：凡公元年数能被 4 整除的就是闰年，但如果公元年数是后边带
两个"0"的"世纪年"，那么它必须能被 400 整除才是闰年。

格里高利历的年平均长度为 365 日 5 时 49 分 12 秒，比回归年长
26 秒。照此计算，过 3 000 年左右仍存在 1 天的误差，但这样的精确
度已相当了不起了。在儒略历（格里高利历）中，2 月 28 日（2 月
29 日）出生的人是最少的。如果我们的年龄以一个人的生日数来计
算，那么毫无疑问，这一天出生的人 20 岁便已算高寿了。

欧拉与俄国的 4 位女皇

正如拿破仑是结交数学家最多的君主，与君主打交道最多的数学
家是欧拉。不过，比他们早一个世纪的时候，法国数学家、哲学家笛
卡尔就曾被瑞典女王克里斯蒂娜邀约长达一年之久，最后女王派出一
艘军舰把他从荷兰接到瑞典。笛卡尔成为女王的宫廷教师，为她讲授
哲学课和数学课，最终因患肺炎死于斯德哥尔摩。

1727 年，对 20 岁的瑞士小伙子欧拉来说是一个关键性的年份。
那一年，牛顿在伦敦去世，欧拉开始了自己的学术生涯，首次参加法
兰西科学院的有奖竞赛——在船上安置桅杆。这一传统的竞赛活动始
于 1721 年，吸引并激励了欧洲各国的许多年轻人。

但是，欧拉的研究成果未获奖，加上此后求职母校巴塞尔大学未果，当年他便决定动身去俄国，接受新成立的彼得堡科学院的邀请。然而，就在欧拉踏上俄国领土的那一天（5月17日），邀请他来这里的叶卡捷琳娜一世女皇去世了。作为俄国最伟大的君主——彼得大帝的妻子，这位出身卑微的立陶宛女子虽仅在位两年多，却实现了丈夫建立科学院的愿望。

欧拉初到彼得堡，处境十分艰难。叶卡捷琳娜一世死后，权力旁落到一伙粗鲁残暴的家伙手里，年幼的沙皇也在能够行使自己的皇权之前就死去了。当权者把科学院及其研究者看成是可有可无的摆设，甚至考虑取消它，并遣返所有外籍人员。不过，欧拉埋头于研究，完全沉浸在自己的数学王国里。

欧拉26岁那年，成为彼得堡科学院的数学教授，他准备在俄国安家了，新娘是彼得大帝去西方游历时带回来的画师的女儿，也是欧拉的瑞士同胞。那时俄国又有了一位新女皇，即彼得大帝的侄女安娜·伊凡诺芙娜，虽说在她的情夫的间接统治下俄国经历了历史上最血腥的恐怖时期，但科学院的境况并没有变得更糟，因为像欧拉这样的数学家和他研究的数学问题对当权者无碍。

欧拉很喜欢孩子，两任妻子（她们是同父异母的姐妹）先后生下了13个孩子，欧拉常常一边抱着幼儿一边写论文，稍大的孩子们则围绕着他嬉戏，他是在任何地方、任何条件下都能认真工作的少数几位大科学家之一。1740年，女皇安娜一世退位并于当年去世，欧拉遂接受了普鲁士国王腓德烈大帝的邀请，到普鲁士科学院担任数学部主任。欧拉在柏林生活了25年以后，又回到了寒冷的彼得堡，他的妻子和儿孙们和他一起。

那时候，统治俄国的是女皇叶卡捷琳娜二世，她在位的34年里，致力于完成彼得大帝未竟的事业，领导俄国全面参与欧洲的政治和文化生活，制定法典并厉行改革，并夺取了波兰和克里米亚的大部分领土，故又被称作叶卡捷琳娜大帝。在欧拉回到彼得堡之后，女皇以皇室成员的规格对待他，分给他一栋可供全家 18 人居住的大房子和成套的家具，还派去了自己的一个厨师。

虽说欧拉一生受到女皇们的眷顾和关照，但他还是遭遇了许多不幸，两只眼睛先后失明，8 个孩子先后夭折，晚年的一场大火几乎夺走了他的生命和手稿，幸亏仆人奋力扑救，他才幸免于难，但他的房子连同藏书全被烧毁了。叶卡捷琳娜二世获悉后马上补偿了他的全部经济损失，欧拉得以重新投入工作。

值得一提的是，在安娜一世和叶卡捷琳娜二世之间，俄国还有一位女皇，即彼得大帝的女儿伊丽莎白一世。她在位的 20 年间，欧拉一直生活在柏林，尽管如此，俄国方面照付给他院士津贴。也是在伊丽莎白一世在位期间，彼得堡科学院第一次有了本国院士——科学家、诗人罗蒙诺索夫（M. Lomonosov）。有一年，俄国军队入侵柏林远郊，欧拉的农场遭到了抢劫，伊丽莎白一世知道后加倍赔偿了他的损失。

可以说，欧拉的一生得到了俄国 4 位女皇的关照。他堪称历史上最著名的宫廷数学家，毕生往返于两个敌对的国度——俄国和德意志，服务于不同的皇帝和女皇。一次，腓特烈大帝请欧拉给他的侄女授课，欧拉便动笔写下了一系列文笔优美的散文，后来成为畅销 10 多个国家的《致一位德国公主的信》，这应该是出自科学家之手的科学普及或科学文化读物的早期范本。

婚礼，从婆什迦罗到拉曼纽扬

正如太阳以其光芒令众星失色，学者也以其能提出代数问题而使满座高朋逊色。

—— ［印］婆罗摩笈多

印度王与国际象棋

2003 年冬天,我去南印度的班加罗尔参加为庆祝数论学家拉曼羌德拉(K. Ramachandra)70 周岁生日召开的一次学术会议。拉曼羌德拉出生于印度西南部的卡纳塔克邦,那也是印度古代两位大数学家马哈维拉(Mahavira)和婆什迦罗(Bhaskara)的故乡,有"印度硅谷"之称的班加罗尔是该邦的首府。

归途经停孟买时,我目睹了一对印度青年的婚礼。给我印象最深的并非长长的车队、众多的亲友或甜美的歌喉,而是红地毯和遍布各处的鲜花,婚礼现场的草坪入口由一个个拱形的花环组成,就连盛放菜肴的灶台,以及灶台上方的茅草屋,也密集地点缀着洁白的花儿。据我目测,这场普通市民的婚礼,需要数以万计的鲜花点缀。

印度婚礼上的侍者和鲜花。作者摄于孟买

　　这不由地让我想起一则印度王与国际象棋的故事。印度人不仅热衷宗教活动，也喜欢智力游戏。他们发明了各民族通用的零号和印度–阿拉伯数字（俗称阿拉伯数字），也发明了当今世界上最流行的棋类——国际象棋（大约在6世纪），至今"古印度防御"仍是国际象棋最为流行的开局方式之一。国际象棋是一种双方各执16枚棋子的游戏，每一枚棋子按照规定的游戏规则走，最后迫使对方的"国王"处于一种无路可逃的境地。

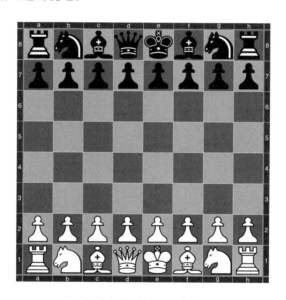

印度人发明的国际象棋

　　有一则在中国广为流传的故事是这样说的："古印度国王舍罕第一次学下国际象棋就被它深深地迷住了，之后也是欲罢不能，他下令嘉奖发明这种游戏的宰相达依尔。宰相思考片刻后说，'那就在棋盘上放一些麦粒，赏给您的仆人吧'。第1格放1颗，第2格放2颗，第3格放4颗，依此类推。国王连声反对说，这点儿麦子算得了什么，但宰相却谦虚地表示只要这个。"

原来，国际象棋有 64 格（8 乘 8）。顺便说一下，它的每一个棋子都落在空格上，而不像中国象棋的棋子那样落在交叉点上。按照这个等比级数，到第 20 格时，一袋小麦就用光了。不难预见，到第 60 格时，即使把全印度的小麦都拿来也不够用，而第 64 格需要摆放 2 的 63 次方颗麦粒，即

$$18\ 446\ 744\ 073\ 709\ 551\ 615\ \text{颗}$$

这位宰相要求的奖赏竟然是全世界 2 000 年生产的粮食。这个故事向我们展示了数学中"几何级数增长"的概念，这也是 18 世纪英国经济学家马尔萨斯（T. Malthus）提出的人口论的基石，后者主要由两个公理和两个级数组成。两个公理是：食物为人类生存所必需，两性之间的情欲是必然的，且会保持现状。两个级数是：人口在无妨碍时会以几何级数增长，而生产资料则以算术级数增长。

印度国王和国际象棋故事的可能结局是，国王因为害怕宰相以后没完没了地要债，干脆找了一个理由砍掉他的脑袋。而国王当初之所以会上当的原因在于，虽然他具有丰富的人生阅历，却对抽象的数字运算尤其是几何级数缺乏清晰的认知，再加上皇权带给他的狂妄自大。

嫁女失败的婆什迦罗

现在我们来讲述两位印度数学家与两场婚礼的故事。先说婆什迦罗。印度历史上有两位名叫婆什迦罗的数学家，一位生活在 7 世纪，另一位生活在 12 世纪。第一位是以孟买为首府的马哈拉施特拉邦人，据说他最先用圆圈表示零。我们要说的是第二位，他被公认为古印度最伟大的数学家、天文学家。

1114 年，婆什迦罗出生在印度南方德干高原西侧的比德尔，该城位于卡纳塔克邦的最北面，离海得拉巴或孟买的距离比离班加罗尔更近。婆什迦罗的父亲是正统的婆罗门（祭司贵族），曾写过一本很流行的占星术著作。婆什迦罗成年以后，来到中央邦著名的乌贾因天文台工作，后来还做了该天文台的台长。在望远镜出现之前，那是世界上最负盛名的天文台之一。

到 12 世纪，印度数学已经积累了相当多的成果。婆什迦罗通过吸收这些成果并做进一步研究，取得了超越前人的成就。婆什迦罗的主要数学贡献有：首次充分且系统性地使用了十进制数字系统，率先采用缩写文字和符号来表示未知数及运算，熟练掌握了三角函数的和差化积等公式，并较为全面地讨论了负数。他将负数称为"负债"或"损失"，并用在数字上方加小点的形式来表示。

婆什迦罗写道："正数、负数的平方常为正数，正数的平方根有两个，一正一负；负数无平方根，因为它不是一个平方数。"希腊人虽然早就发现了不可通约量，但却不承认无理数是数。婆什迦罗和其他印度数学家则广泛使用了无理数，并在运算时与有理数不加区分。他的文学造诣也很高，其著作弥漫着诗一般的气息。婆什迦罗的重要数学著作有两部——《莉拉沃蒂》和《算法本源》。

《算法本源》主要探讨代数问题，涉及正负数法则、线性方程组、低阶整系数方程求解等，还给出两个关于毕达哥拉斯定理的漂亮证明，其中一个与三国时期东吴数学家赵爽的证法相同，另一个直到 17 世纪才被英国数学家、牛顿的老师沃利斯（J. Wallis）重新发现。婆什迦罗在书中也谈到了朴素而粗糙的无穷大概念，他写道：

一个数除以零便成为一个分母是符号 0 的分数……这个数为

无穷大量，可以加入或取出任意量而无任何变化发生，就像在世界毁灭或创造世界的时候，那个无穷的、永恒的上帝没有发生任何变化一样，虽然有大量的各种生物被吞没或被产生。

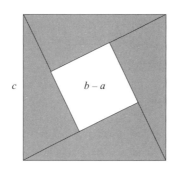

婆什迦罗证明勾股定理的两个方法之一，
与 1 000 年前中国数学家赵爽的方法一样

《莉拉沃蒂》的内容更为广泛，全书从一个印度教信徒的祈祷开始。说到这部书，流传着一个浪漫的故事。据说莉拉沃蒂是婆什迦罗宠爱的女儿的名字，婆什迦罗占卜得知，她婚后将有灾祸降临。按照婆什迦罗的计算，如果女儿的婚礼在某一时辰举行，灾祸便可避免。但到了婚礼那天，正当新娘等待着"时刻杯"中的水面下落，一颗珍珠忽然从她的头饰（也有说是鼻孔）上掉落，堵住了杯孔，水不再流出，以致无法确认"吉祥的时辰"。

结果是，婚后不久，莉拉沃蒂便失去了丈夫。为了安慰她，婆什迦罗教她算术，并为她写成了这部著作。书中婆什迦罗对前辈数学家婆罗摩笈多的每项工作都进行了细致的了解和研究，并对有些结果做了改进，尤其是佩尔方程的求解方法。说到 7 世纪的婆罗摩笈多，他出生在乌贾因，在那里长大并在天文台工作。

作为一个天文学家，婆什迦罗也是硕果累累，他研究了球面三角学、宇宙结构、天文仪器，等等，而且处处可见数学家的眼光和观点。后人曾在比哈尔邦首府巴特那发现一块石碑，记载了 1207 年 8 月 9 日当地权贵捐给一个教育机构一笔款项，用于研究婆什迦罗的著作，而此时他已经去世 20 多年了。这一点可以说明，数学家和天文学家在那个时候就已赢得人们的尊敬了。

南方的湿润与天才

值得一提的是，在印度这块土地上，除了诞生萨克雷（W. M. Thackery）、奥威尔（G. Orwell）和吉卜林（R. Kipling）这样的英国著名作家和诗人，也诞生过两位英国数学家。19 世纪初和 20 世纪初，在卡纳塔克邦东边的泰米尔纳德邦，德摩根（A. De Morgan）和亨利·怀特海（J. H. Whitehead）先后出生。前者断言亚里士多德传下的逻辑不必要地受到了限制，并成为现代数理逻辑学的奠基人。后者对拓扑学中同伦论的发展做出了重大贡献，并率先给出了微分流形的精确定义。

有意思的是，也是在泰米尔纳德邦，19 世纪后期还诞生了一位享誉世界的印度数学天才拉曼纽扬。1887 年，即"圣雄"甘地前往英国留学的那一年，拉曼纽扬（又译拉马努金）出生在高韦尔河畔的一座小镇，那是他的外婆家。高韦尔河是南印度的恒河，满周岁后，按照当地的习俗，拉曼纽扬随母亲搬回到下游 200 多公里处的城市贡伯戈纳姆，那里曾是历时 1 000 多年的朱罗王朝的古都。

拉曼纽扬的父亲在当地一家卖莎丽的店里当伙计，月收入仅有 20 多个卢比，为补贴家用，他的母亲到附近的印度教寺庙里唱圣歌，募捐的钱一半归庙堂，一半归自己。南印度的天气闷热潮湿，拉曼纽扬两岁时不幸患上天花，却奇迹般地活了下来。再加上三个弟妹接连夭折，他渐渐养成了受宠爱的独生子的习性。

拉曼纽扬故居，贡伯戈纳姆

拉曼纽扬幼时敏感、固执，身材肥胖，还有许多怪癖。他只在母亲唱圣歌的庙里才吃东西，回到家里则把铜盆铁锅沿墙一字摆开，如果没有他喜欢吃的东西，就在烂泥里打滚儿发脾气。可是，自从5岁踏入校门开始，拉曼纽扬便展现出异常的天赋，常常提出奇怪的问题，例如，谁是这个世界上的第一个人？两朵云之间究竟有多远？

在上数学课的时候，拉曼纽扬会变得十分安静。但别的时候，他总是千方百计地逃学，有时家人甚至要请警察协助把他抓回去。与其他孩子打架时，拉曼纽扬利用自己的身体把别人压得嗷嗷叫。为此他经常被老师处罚，有时干脆就气呼呼地跑出教室。

对拉曼纽扬来说，学校并不是一个启蒙的地方，而是他竭力想摆脱的枷锁。尽管如此，拉曼纽扬的学习成绩相当优异，在快满 10 岁的时候，他轻松地以全区第一名的成绩通过了小学毕业考试，考试科目包括英文、泰米尔文、算术和地理，他由此进入历史悠久、用英文授课的市立中学。

中学二年级时，同学们纷纷找他帮助解题。到了三年级，他开始找老师的麻烦。有一次，数学老师说任何一个数除以自身一定等于 1，例如，3 个人分 3 个苹果，每个人得到一个苹果；1 000 个人分 1 000 个苹果，每个人也得到一个苹果。拉曼纽扬站起来问老师，0 除以 0 是否也等于 1？0 个人分 0 个苹果，是否每个人也可以得到 1 个苹果？

10 岁的新娘与婚礼

虽说拉曼纽扬是婆罗门血统出身，但早已家道中落。待他年长一些，家里的经济情况更加困难，不得不靠为大学生提供寄宿服务来贴补家用。15 岁那年，拉曼纽扬从这些大学生那里搞到一本英文版的《数学汇编》。书中列举了数千个方程、定理和公式，分门别类，涉及代数、三角、微积分等，19 世纪后期人类知晓的大部分数学知识均包含其中。

这本书的作者只是伦敦的一名家庭教师，而不是什么知名的数学家。即便如此，拉曼纽扬上大学以后，也未丢弃《数学汇编》，而是深陷纯粹数学的"泥潭"，沉湎于发现自己的公式和定理，以至于对其他功课失去了兴趣。17 岁那年，他因为英文写作课不及格而失去了奖学金，为此愤懑不已并离家出走，一个人跑到 1 000 公里以外的一座讲泰卢固语的海滨城市。

在那座陌生城市流浪了一个多月以后，拉曼纽扬回家了，没有人了解他的这段经历，家人为找寻他还在报纸上刊登了寻人启事。一年以后，他进入了马德拉斯的另一所学院。他在新学校里如鱼得水，数学老师赞赏他的才华，每次不太确定的时候，总要停下来问，"你看对吗，拉曼纽扬？"可是，他的生理学课又一次不及格。

很久以来，拉曼纽扬的双亲放任自己的儿子，没有及时纠正他的偏科问题。用英国数学家内维尔（E. H. Neville）的话说，他的父母让他继续过着"1909 年前的那些无忧无虑的好日子"。可是，在拉曼纽扬两次没有获得学位以后，他的父母终于对他失去了耐心，他们想到了古代中国人常用的一个办法——给他娶一个媳妇。

有一次，拉曼纽扬的母亲在 100 公里外的小镇遇见一位眼睛明亮的女孩。这位姑娘名叫佳娜琪，两家的经济和社会地位相当。拉曼纽扬的母亲去讨了这个女孩的天宫图与他儿子的比对，发现两人很合适，这桩姻缘便确定下来。那年拉曼纽扬 21 岁，佳娜琪 9 岁。第二年夏天结婚前夕，前来迎娶佳娜琪的拉曼纽扬搭乘的火车不巧晚点了好几个钟头。新娘的父亲万分着急，害怕错过吉时，如果女婿再迟一会儿出现，他就要把女儿嫁给在场的外甥了。幸好，拉曼纽扬及时赶到。

拉曼纽扬虽然结婚了，但因为新娘年纪太轻，婚后两人并未同房。拉曼纽扬仍痴迷于《数学汇编》和数学公式的发现，每证明一个公式，他就会发现好些其他公式。他为计算圆周率设计出一个无穷级数，第一项便可精确到小数点后 8 位，从而超越了祖冲之的成果，这个无穷级数后来为用计算机快速求取圆周率提供了方法。

就像费尔马的《算术》（丢番图著）注记和高斯的数学日记一样，拉曼纽扬的笔记本上也充满了奇思妙想。正是其中一小部分内容组成的一封书信，惊动了万里之外的英国大数学家哈代（G. H. Hardy）。他把拉曼纽扬邀请到剑桥，在那里这位印度青年在数论（尤其数的分拆

拉曼纽扬（中）在剑桥，右一为哈代

理论）等领域取得了卓越的成就。不到 30 岁，拉曼纽扬就当选为英国皇家学会会员。

拉曼纽扬在剑桥期间，佳娜琪没能去陪他，就连他得了肺结核返回印度的消息，也被她的婆婆隐瞒不说，但她从报纸上获悉了这件事。婆媳之间早就有隔阂，起初拉曼纽扬屈从于母亲，但在他从英国载誉归来后，在两个东方女人的战争中他偏向了年轻的一方。佳娜琪那年 20 岁，正值青春年华，可是拉曼纽扬即将走到生命的尽头了。回国不到一年，拉曼纽扬便与世长辞，年仅 32 岁。之后佳娜琪又活了 74 年，享年 95 岁。

如今，拉曼纽扬被公认为自婆什迦罗以来印度最伟大的数学家。从尼赫鲁到甘地，多届印度总理都对拉曼纽扬予以褒扬，他被誉为"印度之子"，与诗人泰戈尔并驾齐驱成为印度最受尊敬和爱戴的人物。到拉曼纽扬诞生 100 周年之时，印度至少拍摄了三部有关他生平的电影，美国佛罗里达州开始出版《拉曼纽扬杂志》，并成立了一个国际性的拉曼纽扬学会。

比婆什迦罗早一个多世纪的波斯历史学家比鲁尼（Biruni）曾经

这样评价印度人："我只能把他们的数学和天文学著作比作宝贝和烂枣，或珍珠和粪土，或宝石和鹅卵石的混合物。在他们眼里，这些东西都是一样的，因为他们没有把它们提高到科学演绎法的高度。"而从那时到现在，1 000 多年过去了，印度的数学和科学早已有了长足的进步。

2005 年，为纪念拉曼纽扬，他的故乡设立了拉曼纽扬奖。该奖每年颁发一次，奖金为 1 万美元，奖励在拉曼纽扬的研究领域做出杰出贡献的年轻数学家，获奖者年龄不能超过 32 岁，颁奖典礼在 12 月 22 日（拉曼纽扬的生日那天）举行。同一年，意大利理论物理国际中心和国际数学联盟也设立了拉曼纽扬奖，奖励年龄不超过 45 岁的，在任何领域做出贡献的发展中国家的数学家，典礼于当年的最后一天在意大利港口城市的里雅斯特举行。到目前为止，已有 7 位中国年轻数学家获得这两项殊荣。他们分别是：哈佛大学的张伟（2010）、斯坦福大学的恽之玮（2012）、耶鲁大学的刘一峰（2018）、加州大学伯克利分校的唐云清（女，2022）、北京大学的史宇光（2010）、中国科学院的田野（2013）和北京国际数学研究中心的许晨阳（2016）。

冯·诺依曼的午餐和家教

不管一个人多么聪明，和他一起长大都一定会有
挫折感。

——［美］尤金·维格纳

睿智而敏捷的大脑

他本是东欧一位富有的银行家的公子，放浪不羁，喜欢逛夜总会，却成了 20 世纪举足轻重的人物。"二战"以前他是一位杰出的数学家和物理学家，是美国普林斯顿高等研究院首批聘请的 5 位终身教授中最年轻的一位（29 岁，最年长的爱因斯坦 54 岁）。"二战"期间盟军离不开他，无论陆军还是海军，美国还是英国，因为他是最好的爆炸理论专家，也是第一颗原子弹的设计师和助推者。

"二战"以后，他创立的博弈论极大地拓展了数理经济学的研究领域，至少影响了 11 位诺贝尔经济学奖（他去世 12 年后，这个奖项才开始颁发）得主的工作。他贡献最大的可能是在计算机理论和实践方面，他也因此被誉为"电子计算机之父"。简而言之，他是 20 世纪美国引进的最有用的人才之一。此人不是别人，正是在匈牙利出生的美国犹太人约翰·冯·诺依曼。

冯·诺依曼身材敦实，有一双明亮的棕色眼睛和一张随时会咧嘴一笑的脸。这些都很常见，但要取得如此丰富、伟大的成就，必须有一个聪颖的大脑。首先，他对自己专注的事情，有着惊人的记忆力，能够整页背诵 15 年前读过的英国作家狄更斯的小说《双城记》和《大英百科全书》里有启发性的条目。至于数学常数和公式，更是充斥着他的大脑，随时可以取用。

其次，他的阅读速度和计算能力同样惊人。据说在少年时代，就连上厕所他也常带着两本书，成名后他的助手或研究生经常觉得自己像在"骑着一辆自行车追赶载着冯·诺依曼博士的快速列车"。他做计算时样子有些古怪，眼睛盯着天花板，面无表情，大脑高速运转。如果在快速运行的火车上，他的思想和计算速度也会加快。

如果说上述几种能力展示了他神奇的一面，那么下面这种能力可能并非那么高不可攀，即不断学习新事物的愿望和行动。在柏林大学求学期间有一个暑假，化学系本科生冯·诺依曼回到他在布达佩斯的家，结识了一位准备去剑桥大学攻读经济学的小老乡，立刻向后者咨询并请求推荐经济学的入门书籍，从此关注起这门对他来说全新的学科。

还有一次，他被邀请到伦敦指导英国海军如何引爆德国人布下的水雷，却在那里学到了空气动力学的知识，同时对计算技术产生了浓厚的兴趣。前者使他成为研究斜冲击波的先驱，后者让他开了数值分析研究的先河。他对电子计算机的直接介入，则源于月台上的一次邂逅，他在旅途中尤其多产。让人惊叹的是，他的所有成就都是在他主要从事别的工作时取得的。

对一个经常需要与各种各样出类拔萃的科学家合作，有时甚至要与政治家、军事家打交道（从美国数学协会主席到总统特别顾问他都担任过）的人来说，还需要具备敏锐的政治嗅觉和平衡能力。"二战"以前冯·诺依曼就曾预言，德国将会征服屠弱的法国，犹太人会惨遭种族灭绝，如同"一战"期间土耳其的亚美尼亚人所遭受的大屠杀一样。之后，趁着两个劲敌德国和苏联鹬蚌相争之际，美国会坐收渔翁之利。

冯·诺依曼还认为，苏联人迟早会发明核武器，因为"原子弹的秘密很简单，受过教育的人都会研制"。至于平衡能力，对他来说可能是与生俱来的，而非雄心所致，他不需要花钱去改善公共关系。他还有一个显著的特点，不事张扬也不喜欢与人辩论，遇到紧张的气氛时善于通过讲笑话和逸闻趣事来化解。

当然，冯·诺依曼天才的大脑也存在着不足。最主要的是，他不像他的同事爱因斯坦和前辈牛顿那样有独创性。但他却善于抓住别人原创的思想火花或概念，迅速进行深入细致的拓展，使其丰满、可操作，并为学术界和人类所利用。爱因斯坦来到美国之后，只是一个象征性甚或装饰性的人物，没有发挥多大的作用，而冯·诺依曼的贡献却是无人可替代的。

海军上将斯特劳斯认为，"他有一种非常宝贵的能力，能够抓住问题的要害，把它分解开来，即使最困难的问题也会一下子变得简单明了。我们都奇怪自己怎么没能如此清晰地看穿问题得到答案"。诺贝尔物理学奖得主维格纳（E. P. Wigner）在被问及冯·诺依曼对美国政府制定科学和核政策的影响力时也曾谈到，"一旦冯·诺依曼博士分析了一个问题，该怎么办就一清二楚了"。

当所有这些能力都集中到一个人身上时，他的优势便非常突出了。维格纳与冯·诺依曼在布达佩斯从小一起长大，他承认在这位比自己低一届的中学校友面前有自卑情结，他在获得诺贝尔奖后接受了著名的科学史家、《科学革命的结构》作者库恩（T. Kuhn）的采访。"您的记忆力很好，是吗？""没有冯·诺依曼好。不管一个人多么聪明，和他一起长大都一定会有挫折感。"

另一位诺贝尔奖得主、德裔美国物理学家贝特（H. Bethe）和维格纳一样，都是冯·诺依曼在洛斯阿拉莫斯实验室的老同事，他曾经这样感叹道，"像冯·诺依曼这样的大脑是否意味着存在比人类更高一级的物种？"在人类历史上，他属于在黑板上写几个公式就能改变世界的少数人之一。

典型的犹太式教育

1903 年 12 月 28 日，冯·诺依曼出生在多瑙河畔的匈牙利首都布达佩斯，原名诺依曼·亚诺什（Neumann János）。与绝大多数欧洲人不同而与中国人相同，匈牙利人的姓在前名在后，这成了学者们证明他们的祖先来自中亚或蒙古草原的重要依据。10 岁那年，他的银行家父亲因为担任政府经济顾问有功，被授予贵族头衔，从此姓氏前面多了"von"，他的名字就变成冯·诺依曼。"亚诺什"相当于英语里的"约翰"，故而移居美国后，他的名字就成了约翰·冯·诺依曼。

在冯·诺依曼出生前的 35 年里，布达佩斯一直是欧洲发展最快的城市，如同纽约和芝加哥（美国南北战争的胜利方）是美洲发展最快的城市。它的人口从欧洲第 17 名一举跃升至第 6 名，仅次于伦敦、巴黎、柏林、维也纳和圣彼得堡。布达佩斯率先实现了电气化，铺设了欧洲第一条电力地铁，并用电车取代了公共马车。

就在冯·诺依曼出生那年，横跨多瑙河的伊丽莎白桥建成，成为当时世界上最长的斜拉桥。那时匈牙利正处于黄金时代，布达佩斯颇有些巴黎的情调和氛围，仅咖啡馆就有 600 多家，歌剧院的音响效果超过维也纳，来自世界各地可供挑选的保姆不计其数，夜总会里迷人的女郎们耐心地倾听客人们的政治主张。

在"一战"爆发前的半个世纪里，布达佩斯和纽约是世界各国聪明自信的犹太人优先考虑移民的城市。在这两处人间天堂里，他们迅速成为医生、律师

6 岁的冯·诺依曼

等专业人士或成功的商人。相比之下，移民到纽约的犹太人大部分出身较为低下。这是由于受当时交通工具的限制，横渡大西洋的船票唯下层的统舱比较低廉，能够购买豪华客舱票的只有极少数富豪，而且漂洋过海生命安全无法保障。

布达佩斯更受那些身处中产阶级和上层社会的犹太人的向往和喜爱，那里还有理想的中学教育环境。尤其重要的是，在中欧的其他国家犹太人仍低人一等的时候，匈牙利的情况已经有所改变。主要原因是当一些少数民族酝酿暴动的时候，犹太人坚定地站在主要民族马扎尔族一边，他们的先见之明后来得到了回报，歧视性的法令被逐一废除。

冯·诺依曼的祖辈来自俄国，他的父亲出生于紧邻塞尔维亚的匈牙利南方小镇，接受了良好的乡村教育，中学毕业后来到首都布达佩斯，通过律师资格考试后进入银行，开始了成功的职业生涯。在他的众多朋友中有一位法学博士，后来成为上诉法庭的大法官。有趣的是，他们两人成了连襟，双方都成为一个家境殷实的犹太家族的一员。

冯·诺依曼的外祖父与人合伙经营农业设备，成功借鉴了美国著名的西尔斯公司的销售经验，并为 4 个女儿全招了入赘女婿，一家人占据了布达佩斯一条繁华商业街的两侧，底层是商铺，上面是住宅。冯·诺依曼在店铺的楼上长大，比他晚 20 多年出生的英国政治家撒切尔夫人也是这样。

10 岁以前，冯·诺依曼接受的是典型的犹太式教育，也就是请家庭教师授课。在那个年代，家庭教师和保姆也是中上阶层的组成部分。外语学习特别受重视，不少家长认为，只会讲匈牙利语的孩子将来连生存都成问题。孩子们先是学习德语，然后是法语和英语，年龄稍长以后还要学习拉丁语和希腊语。说到拉丁语，它在匈牙利已经存在了

冯·诺依曼与他研制的电子计算机

几百年。人们认为拉丁语是一种公理化的语言，有助于增强大脑逻辑性。

可以说，正是早年的拉丁语训练，帮助冯·诺依曼后来创造出计算机语言。当然，数学也至关重要。从小他就表现出计算方面的天赋，可以快速心算两个四位数或五位数的乘积，这方面的遗传基因来自他的外祖父。冯·诺依曼注意到，数学并不抽象枯燥，而是有一定的规律可循。母亲的艺术素养则帮助他发现了数字的优雅，后来这成为他对学术研究的一种要求。

冯·诺依曼也酷爱历史，据说他曾在极短的时间里读完了一套 44 卷本的《世界史》，且书中夹满了小纸条。当然，冯·诺依曼并非十全十美，他在击剑和音乐方面就表现平平。虽然家里为他请来出色的大提琴教师，但他似乎永远处在指法练习阶段。不过，匈牙利犹太人中不乏伟大的指挥家和钢琴家，移居美国的就有芝加哥的索尔蒂（G. Solti）、费城的奥曼迪（E. Ormandy）、克里夫兰的塞尔（G. Szell）、达拉斯的多拉蒂（A. Doráti），等等。

移居美国的匈牙利人不仅在音乐上卓有成就，还为好莱坞的创建做出了不可磨灭的贡献，福克斯和派拉蒙公司的奠基人都来自匈牙利。虽说匈牙利人帮助美国制造出氢弹，可是它的威力比不上好莱坞。在老冯·诺依曼的银行事业取得成功以后，他又开始投资电影业和戏剧。

在数学学习方面，冯·诺依曼并非神童。他之所以进步神速，要归功于他的外祖父卡恩，后者有着惊人的心算能力。卡恩留着络腮胡子，有一双浅蓝色的眼睛，身材瘦小，衣着时而随意时而正式。每次来到女儿家，他便径直走向育婴房。卡恩让他的小外孙发现，数字不只是枯燥的计算，而是有一定规律可循。它们有的是奇数，有的是偶数，有的是素数，有的是平方数。当然，聘请来的家庭教师也必须有很好的数学素养和很高的数学技能。

午餐时分的家庭聚会

必须提及的是，冯·诺依曼家有一个很好的传统，就是午餐时分的家庭聚会。无论他的银行家父亲公务有多繁忙，午餐时他都会回家来。孩子们争相提出一个个问题供大家一起讨论，比如海涅的某一首诗、反犹主义的危害性、"泰坦尼克"号的沉没、外祖父的成就，等等。问题没有那么深奥，大人也不会把自己的观点强加给孩子。相比之下，我们的学生餐厅功能是提供食物，学生们去那里只有一个目的，就是填饱肚子，实在让人遗憾。

有一天，小冯·诺依曼在午餐会上提出，眼睛的视网膜成像原理不同于照相底片上的小颗粒，应该是多通道或多区域输入，而耳朵则可能是单通道或线性输入。综观他的一生，他一直对中枢神经系统的信息传递技术和人工输入机器或机器人的信息技术之间的区别颇感兴趣。当第一次见到有声电影时，他惊讶于声音明明是从银幕上看不到的扬声器里发出的，看起来却好像是从演员的嘴里发出的。幸福自在的童年，也让他娶到的前后两任太太均为幼时一起玩耍的邻家女孩。

10 岁那年，冯·诺依曼上了中学，这类学校在英语和法语里一般叫公学或文法学校，在德语里则叫 gymnasium。那些视德国为精神领袖的国家，包括奥匈帝国也用这个词，它的本义是体育馆或健身房。自古希腊以来，那里便是年轻人赤身裸体参与竞技的地方。那时候匈牙利采用精英教育模式，引入激烈的竞争机制，对 1/10 的高智商学生精心培养，对其余孩子则听之任之。

这项政策有利于犹太人的脱颖而出，对他们来说，研究理性的数据比与人打交道更容易。就连爱因斯坦也坦承自己喜欢从你我的世界逃脱，去物的世界。"二战"结束后，日本借鉴了匈牙利的精英教育模式，以考取东京大学的学生数量来衡量一所中学的水准。这样做不仅迅速提升了日本的经济实力，还培养出数十位诺贝尔奖和菲尔兹奖得主。日本人赶超的是战胜他们的美国人，正如匈牙利人希望超越"可恨的奥地利人"。

冯·诺依曼进入的是用德语授课的路德教会中学，在那前后，共有 4 位年龄相仿的犹太男孩进入布达佩斯三所最顶尖的学校，他们后来全部移民美国。除了冯·诺依曼以外，还有齐拉特（L. Szilard）、维格纳和特勒（E. Teller），这 4 个匈牙利人帮助美国成功研制了原子弹和氢弹。后三位物理学家在 1939 年夏天说服爱因斯坦给罗斯福总统写信，建议发展原子弹，才有了"曼哈顿计划"。

齐拉特的贡献在于率先提出了链式反应的理念，维格纳创立了中子吸收理论，并协助费米（E. Fermi）建成首座核反应堆，特勒（中国物理学家杨振宁的博士导师）则被誉为"氢弹之父"。作为犹太人，这 4 位科学家对纳粹德国和昔日的沙皇俄国都有一种恐惧感和厌恶感，这促使他们奋不顾身地投入核武器的研制。

1914 年，冯·诺依曼上了中学二年级，那年也是"一战"爆发的年份，奥匈帝国因奥地利王储遇刺向塞尔维亚宣战，俄国和德国迅速被卷了进来。冯·诺依曼家族因为地位高无须服兵役，而且战时仍可到威尼斯等地旅行。同盟国战败后，俄国末代沙皇尼古拉二世的统治被推翻，匈牙利也被邻国瓜分走 2/3 的土地。可是，精英教育制度并未受影响。而且路德教会中学校长拉茨十分赏识冯·诺依曼的数学才华。

拉茨本人也是一位数学家，他是布达佩斯大学数学系教授，虽说没有取得什么特别的成就。从冯·诺依曼一入学，拉茨校长便发现了他的数学才华，并亲自拜访了他的家庭。拉茨表示如果家长不反对，他愿意教给诺依曼额外的数学知识而不收取任何费用，同时保证诺依曼继续学习所有的普通课程。后来，拉茨又把诺依曼推荐给布达佩斯大学的多位同事。

17 岁那年，正是与布达佩斯大学的一位数学家的合作，让冯·诺依曼研究出切比雪夫多项式根的求解方法，并在一家德国杂志上发表

美国发行的冯·诺伊曼纪念邮票

了处女作。第二年，他以获得厄特沃什奖圆满地结束了自己的中学时代，这个奖的得主还有齐拉特、特勒，以及工程学家、超音速飞机之父冯·卡门（von Kármán），后者也是钱学森的博士导师。那会儿，整个世界似乎都向这位匈牙利少年敞开了大门。

将近 60 年以后，在冯·诺依曼的中学同学、诺贝尔物理学奖得主维格纳办公室的墙上，还挂着老校长拉茨的照片。教育界人士公认历史上最为成功的精英教育典范是匈牙利，从 1890 年到"二战"爆发，他们把 10% 的高智商孩子培养成了精英人物。其中需要提及的一点是，一个孩子无论多么出色（例如冯·诺依曼），学校依然会把他视作普通学生，他也依然要遵守学校的各项纪律。

除了家庭午餐聚会以外，冯·诺依曼家的晚餐餐桌上也常常高朋满座。客人有慕尼黑的会计师、曼彻斯特的磨坊主、马赛的商船主、维也纳的剧院老板等，均是他父亲的生意伙伴。从孩提时代起，父亲就向儿子灌输这样的思想：银行业是一份浪漫的职业。在晚宴上，父亲从不在客人们面前夸耀自己儿子的优秀，而是向儿子展示客人们的聪慧头脑，让他学会观察。

战俘营、棉花店与讲座教授

一个爱书的人，他必定不至于缺少一个忠实的朋友、一个良好的导师、一个可爱的伴侣和一个温情的安慰者。

——［英］艾萨克·巴罗

狱中成才的庞赛列

在数学史上，不乏逆境中成才的故事，也不乏谦让或提携后辈的故事，接下来我们要讲述其中的几则。在前文中，我们谈到法国的"一代枭雄"拿破仑·波拿巴与他的三位数学家师友的故事。其实，还有一位更年轻的数学家庞赛列（Jean-Victor Poncelet），他可能从未见过拿破仑（至少没有交往过），却与之共命运。不仅如此，他还因祸得福，成就了自己。

1788 年，庞赛列出生在法国东北部的名城梅斯，是个私生子，从小被寄养在法德边境小城圣阿沃尔德的亲戚家中。由于中学时成绩优秀，庞赛列成为大学预科生。19 岁那年，他考入巴黎综合工科学校，当时该校有许多著名教授，除了数学家出身的校长蒙日，还有物理学家安培（André-Marie Ampère）。大学三年级时因为生病，成绩下滑，他回到故乡，进了一所军事工程学院，毕业后来到荷兰西南部的一座要塞小岛上工作。

不到半年，即 1812 年夏天，已加冕皇帝的拿破仑一世未经宣战便入侵俄国，不满 24 岁的庞赛列作为工程兵部队的一名中尉随军前往。起初，法军的快速推进迫使俄军向后撤

法国数学家庞赛列

退。与此同时，俄军也进行了积极防御，双方均有不小的伤亡。8月20日，沙皇亚历山大一世任命库图佐夫（M. I. Kutuzov）为俄军总司令，战事随后升级。9月13日，在一次大会战中消灭近6万法军士兵以后，俄军有计划地撤出了莫斯科。

当时俄国的首都在圣彼得堡，疲惫的法军虽占领了莫斯科，却未能获得食物和休息，在西郊还不时有小规模的战斗。拿破仑试图议和，却遭到拒绝。一个月以后，法军被迫从莫斯科撤退。又过了一个月，拿破仑下令全线撤退。11月18日，在莫斯科西南的克拉斯诺耶战役中，庞赛列被捕，并在俄国南方伏尔加河下游萨拉托夫的战俘营里被关押了一年半之久。

在狱中，庞赛列利用取暖的木炭在墙上作图，探索几何问题。由于手头没有参考资料，他便从最基本的理论开始研究，充分利用这段牢狱时光，以及发挥数学的自由本性，即只要一张纸和一支笔便可展开丰富联想，只不过他的笔和纸比较特殊。他先是着手研究纯理论性的解析几何，随后研究圆锥曲线的投影性质，独创了中心投影法。它是指从投射中心出发，让投射线交汇于一点的投影法，也是今天3D（三维）投影的出发点，这可谓庞赛列成为一名数学家的关键一步。

1814年夏天，庞赛列被释放回国，并晋升为上尉，在故乡梅斯的兵工厂担任工程师。他利用业余时间继续研究几何学，并接连写了几篇重要的论文，包括《论图形的射影性质》。庞赛列考察了无穷远点消失或变为虚元素的点和线，引入了圆上无穷远点、球上无穷远圆等新概念，使对圆锥曲线性质的研究转化为对圆性质的研究，把一般四边形问题转化为平行四边形问题。这篇论文的发表，对19世纪射影几何的研究和发展起到决定性作用。

说到射影几何，这是由17世纪初法国数学家德扎尔格（G.

Desargues）创建的，他是为了回答文艺复兴时期意大利画家阿尔贝蒂（L. B. Alberti）提出的一个问题。当时，画家们利用透视原理画模特或景物，会在中间放一块玻璃屏板，并在玻璃和画布上都画好方格。模特的影像透过玻璃时会有一个轮廓出现，画家借此临摹。阿尔贝蒂问，假如把玻璃平行移动一下，那么新旧轮廓之间有何数学关系？这个问题曾让数学家头痛了两个多世纪，最终被德扎尔格解决了。

庞赛列成名后，把他在战俘营里的数学笔记本称为"萨拉托夫备忘录"。除了射影几何，他还在应用力学领域做出了杰出贡献。例如，他首次提出"力作功"的概念，把位移与力的投影之积称为"功"，并以千克米为单位。1834 年，庞赛列当选为法兰西科学院院士，后又晋升为准将，并出任母校巴黎综合工科学校校长。1868 年，即他去世的第二年，法兰西科学院开始颁发庞赛列奖，奖励力学家或应用数学家。

"二战"期间，法国也有两位大数学家在狱中做出重要发现。一位是让·勒雷（J. Leray），他曾在德军俘虏营中待了 5 年，因担心自己被强迫为德军服务，而隐藏起在力学和流体动力学方面的技能，把研究兴趣转向理论性较强的拓扑学，并创立了层论。数论学家韦伊（A. Weil）因为不愿当兵而逃到芬兰，结果被俄军逮捕。后来，他几经周折回到祖国，又被关进监狱，结果他灵感如泉涌。他给妻子写信："是否每年都要把我关上两三个月呢？"1979 年，这两个法国人双双获得象征终身荣誉的沃尔夫奖。

越南战争期间，有位美国人也在狱中有所成就，他就是海军中将史托戴尔（J. Stockdale）。1965 年秋天，42 岁的史托戴尔驾机执行任务时被越南炮兵击落，成为级别最高的美国俘虏，在河内监狱里待了七年半。在此期间，他利用自己的数学知识，创建了一个密码系统，供狱友们交流之用。

小贩的儿子华罗庚

前文提到，法国数学家蒙日的父亲是小贩和磨刀匠。在20世纪中国数学家中，也有一位出身小贩之家，他便是大名鼎鼎的奇才华罗庚。华罗庚出生在江苏金坛，他的父亲出身学徒，经过多年努力，拥有了三家规模不等的商店。不料一场大火把大店烧个精光，后来中店也倒闭了。等到华罗庚出生时，华家只剩下一爿经营棉花的小店，且以委托代销为主。

少年华罗庚

华罗庚在当地读小学时，因为淘气，成绩有点儿糟糕，只拿到一张修业证书。但他父亲重男轻女，让成绩好的姐姐辍了学，而让华罗庚进入县立初级中学。从第二年开始，数学老师便对华罗庚另眼相看了，经常把他拉到一边，悄悄地对他说，"今天的题目太容易，你上街玩去吧"。初中三年级时，华罗庚已经开始着力简化书上的习题解法。

等到华罗庚初中毕业后，他的父亲又犯了难。一方面，他希望儿子"学而优则仕"；另一方面又有所顾虑，如果送他去省城读高中，家庭经济负担会很重。这时有一位亲戚提供了一个信息，教育家黄炎培等人在上海创办的中华职业学校学费全免，只需支付食宿费和杂费即可。最后华罗庚被录取了，进入该校商科就读，相当于现在的中专。

那一年，16岁的华罗庚与同城的一位姑娘结了婚。婚后第二年，他的妻子生下一个女儿，华罗庚不得已辍学回家帮父亲看店。可是，华罗庚依然喜欢看数学书和演算习题。当时与华家棉花店隔河相望的有一家豆腐店，每天天还未亮，豆腐店伙计起来磨豆腐的时候，华罗庚已点上油灯在看书了。

开始营业后，若是有顾客来了，华罗庚便帮助父亲做生意、打算盘、记账；待顾客走了，他就埋头看数学书或演算习题。有时看书入了迷，竟忘了接待顾客，父亲知道后气急败坏，骂儿子书念"呆"了，有一次甚至把他的演算草稿撕得粉碎。直到有一天，华罗庚纠正了账房先生的一处严重错误，做父亲的终于感到了一丝欣慰。

又过了一年，从巴黎大学留学归来的中学校长看到华罗庚家庭困难却又如此好学，便让他担任学校会计兼庶务。这位校长虽然是理科出身，曾在巴黎大学听过居里夫人的课，却还是位有成就的翻译家，是意大利诗人但丁的《神曲》和印度史诗《沙恭达罗》的第一位中文译者。

正当这位校长准备提拔华罗庚，让他担任初一补习班的数学教员时，不幸的事却接踵而至。先是母亲因病去世，接着华罗庚又染上伤寒症，卧病在床半年，医生都认为没必要治了。最后，死马当活马医，华罗庚喝了一服中药以后病竟然奇迹般地好了，但却落下了残疾。他走路时左腿先要画个圆圈，右腿才能跟上一小步，有人因此戏称他的步履为"圆规与直尺"。

那时候华罗庚尚不满 20 岁，腿疾却坚定了他钻研数学的决心。否则，聪明的华罗庚对自己的人生之路也许另有选择。那会儿上海有一本综合性杂志《学艺》，刊登了苏家驹撰写的文章《代数的五次方程式解法》，这与一个世纪前挪威数学天才阿贝尔（N. H. Abel）建立的理论是相悖的。

华罗庚当时虽然不知道阿贝尔，却很认真地研读并琢磨苏家驹的文章，发现有一个 12 阶行列式的计算有误，遂撰文陈述理由并否定了这一结果，寄给上海《科学》杂志。该刊以读者来信的方式发表了华罗庚的论文《苏家驹之代数的五次方程式解法不能成立之理由》，从此改变了他的命运。

清华大学订阅了《科学》，读到华罗庚的文章时，算学系主任熊庆来教授非常高兴。恰好熊庆来的同事里有个金坛人，对这位老乡有所了解，便告之华罗庚通过自学，数学钻研颇深。熊庆来得知后经与系里同事商议，并获得理学院院长同意，邀请华罗庚来担任助理员。在清华大学，他结识了先期抵达的陈省身，二人共同翻开了中国数学史的崭新一页。

让贤的巴罗和陈建功

在数学史上，也有一些出身优裕家庭的数学家。例如，罗素（B. Russell）的祖父曾是英国首相，牛顿的老师巴罗（I. Barrow）的父亲

也是个富有的亚麻布制品商，且与王室素有联系。巴罗幼时母亲去世，他被送进贵族学校学习。巴罗13岁进入剑桥大学三一学院，毕业后留校，25岁出走欧洲大陆，在不同的学校访学。巴罗30岁回到剑桥大学，担任讲座教授，33岁成为第一任卢卡斯教授，这是剑桥大学也是英国最负盛名的教授职位。

英国数学家巴罗的画像。
作者摄于剑桥

巴罗的主要著作有《光学讲义》和《几何讲义》，后者包含了他在无

穷小分析方面的贡献，特别是"通过计算求切线的方法"，涉及笛卡尔叶形线等重要曲线的切线求法，与现在的求导过程已十分接近。同时，巴罗察觉到切线问题与求积问题的互逆关系，却囿于几何思维而未能发现微积分基本定理。最终，微积分基本定理由巴罗的学生牛顿和德国人莱布尼茨各自独立完成。

说到牛顿，他念书时曾在剑桥的一家书店买到了巴罗翻译的《几何原本》，起初他认为这本书的内容均在常识范围之内，并没有认真阅读，而只对笛卡尔的"坐标几何"感兴趣。后来，牛顿在参加一次奖学金考试时落选，主考官正好是巴罗。巴罗告诉他："你的几何知识太过贫乏，无论你怎样用功也无济于事。"这次谈话对牛顿的震动很大，回去后他把《几何原本》从头到尾深入钻研，为他后来的科学发现打下了坚实的基础。

巴罗精通希腊文和阿拉伯文，被誉为那个时代最权威的希腊语专家之一。他编译了《阿基米德全集》、欧几里得的《几何原本》等，其中《几何原本》作为英国标准几何教材的时间长达半个世纪，英国传教士伟烈亚力和清代数学家李善兰合译的《几何原本》全译本（1857）便是依据巴罗的英译本翻译的，而之前意大利传教士利玛窦和明代学者徐光启合译的《几何原本》简版（1607）则是依据德国数学家克拉维乌斯的拉丁文译本翻译的。

巴罗比牛顿年长12岁，两人的名字都叫艾萨克（Isaac）。除了数学以外，他们的兴趣也几乎一致：物理学、天文学和神学。巴罗是一位能言善辩、精力充沛的布道者，晚年把精力转向神学，他作为神学家的声誉主要建立在《论罗马教皇的主权》一书上。巴罗最先发现了牛顿的天赋，1669年，他把卢卡斯教授职位让给了年仅26岁的牛顿。

"一个爱书的人，他必定不至于缺少一个忠实的朋友、一个良好的导师、一个可爱的伴侣和一个温情的安慰者。"巴罗的这句名言流传至今。47 岁那年，他在剑桥大学副校长任上，因为服用过量的药品而英年早逝。将近 4 个世纪以后，在遥远的东方，也有一位品德高尚的数学家在杭州大学副校长任上因病去世，他的名字叫陈建功。虽说那时中国没有讲座教席，但陈先生是中国科学院学部委员，类似于巴罗的英国皇家学会会员身份。

1893 年，陈建功出生于浙江绍兴府城内。他的父亲是一名小职员，月薪仅两块大洋。陈建功是长子，下面有 6 个妹妹，家里生活十分清苦。幼时他就读邻家私塾，聪颖好学，16 岁考入绍兴府中学堂，鲁迅当年就在那里任教。第二年，他进入杭州两级师范学堂求学，最喜欢的课程就是数学。毕业以后，他通过考试获得了官费留日的机会。

陈建功在东京高等工业学校学习染色工艺时，对数学的兴趣依旧不减，故而又考进一所夜校——东京物理学校。他白天学化工，晚上念数学、物理。1918 年，他毕业于东京高等工业学校，1919 年春天毕业于东京物理学校，回国后任教于浙江甲种工业学校。这所学校也是浙江大学的前身之一，它培养的学生有画家吴冠中、"敦煌守护神"常书鸿、实业家都锦生、戏剧家夏衍等。

1920 年和 1926 年，陈建功又两次赴日求学，就读于东京帝国大学数学系。1921 年，他的第一篇函数论论文在日本《东北数学杂志》上发表，这是我国学者在国外发表的最早的数学论文之一。1929 年，他获得东京帝国大学博士学位，成为第一个获得日本博士学位的外国人，他用日文撰写的专著《三角级数论》也由岩波书店出版。

毕业当年，陈建功回到祖国，众多大学争相聘请。他选择了故乡的浙江大学，受聘为数学系主任。两年以后，在陈建功的推荐下，学校又请来了中国的第二位留日博士苏步青。又过了两年，陈先生将主任职位让与比他年轻 9 岁的苏步青，一时传为佳话，对今天尤有意义。

1945 年抗战胜利以后，浙江大学从贵州迁回杭州，陈建功应邀去台北担任台湾大学代理校长兼教务长之职。但一年以后，陈先生便回到杭州。他与苏步青先生密切合作 20 多年，在杭州、贵州和上海为中国培养了大批数学人才，形成了著名的"陈苏学派"，可谓桃李满天下。1952 年，浙江大学文、理学院被并入复旦大学，陈建功也被调至上海，直到 1958 年杭州大学成立，他才离开复旦大学回到杭州。

最后，我们讲一则陈先生的逸事，说明他的头脑里仍有封建思想残余。陈先生的夫人朱良璧女士也是一位数学家，曾独立在美国权威学术期刊《数学年刊》上发表两篇研究论文，可是，身为学术委员会主任的陈先生却没同意她晋升副教授，可能是为了避嫌，也可能是认为女性不该出人头地。幸好朱女士态度豁达，她身心健康，至今健在，6 年前已过了百岁寿辰。

丙
辑

有趣的数学问题

阴阳完美数的故事

能找出的完美数不会多，就好比人类，要找出一个完美的人亦非易事。

—— [法] 勒内·笛卡尔

什么是完美数?

2000 年，美国纽约的克雷数学研究所征解"千禧年七大数学难题"，并为每个问题的解决提供 100 万美元的奖金。其中，庞加莱猜想已在 2003 年被俄罗斯数学家佩雷尔曼（G. Perelman）攻克，他因此获得了数学最高奖——菲尔兹奖和千禧年奖金，但他自认为已经从数学研究中获得足够的乐趣，故而拒绝领奖。

也是在 2000 年，意大利数学家、伽利略奖和皮亚诺奖获得者奥迪弗雷迪（P. Odifredi）出版了一本小册子《数学世纪》，阐述了 20 世纪的 30 个重大的数学问题。最后，他提出了尚未解决的四大难题，其中居于首位的就是"完美数问题"，另外三个是黎曼猜想、庞加莱猜想和 $P = NP$ 问题。

完美数（perfect number），又称完全数或完备数，是指这样的正整数，即除它自身以外的因子之和恰好等于其本身。公元前 6 世纪的古希腊数学家毕达哥拉斯或许是最早对此问题做出研究的人，他还求得 6 和 28 是完美数。事实上，6 和 28 分别只有 3 个（1、2、3）和 5 个（1、2、4、7、14）真因子，且

$$6 = 1 + 2 + 3$$
$$28 = 1 + 2 + 4 + 7 + 14$$

毕达哥拉斯声称，"6 象征着完满的婚姻以及健康和美丽，因为它

的部分是完整的，并且其和等于自身"。

从定义可以看出，一个自然数 n 是完美数当且仅当它满足方程

$$\sum_{\substack{d\mid n \\ d<n}} d = n$$

此处希腊字母 Σ（西格玛）是求和符号，下面的限制条件表示 d 整除 n 且 d 小于 n。

《几何原本》

"几何学之父"欧几里得生活在公元前 4 世纪和前 3 世纪之交，曾在雅典的柏拉图学园求学，他在《几何原本》里给出了完美数的定义，并证明了一个偶数是完美数的充分条件，即

若 p 和 $2^p - 1$ 均为素数，则乘积

$$2^{p-1}(2^p - 1) \qquad\qquad （\text{E}）$$

必定是完美数。

这是因为 2^{p-1} 的每个因子必为 2^i 形式的整数，此处 $0 \leqslant i \leqslant p-1$，共 p 个。又因为 2^{p-1} 和 $2^p - 1$ 互素，即 $(2^{p-1}, 2^p - 1) = 1$，故可求得 $n = 2^{p-1}(2^p - 1)$ 的一切因子之和 $\sigma(n)$（包含 n 本身）为

$$(1 + 2 + \cdots + 2^{p-1})(1 + 2^p - 1) = 2^p(2^p - 1)$$

再减去 n，即得结论。这一充分条件及其证明出现在《几何原本》第 9 卷的命题 36，在同一卷的命题 20，欧几里得证明了素数有无穷多个。相传比欧几里得稍早的毕达哥拉斯学派的门徒阿契塔（Archytas）已经知道这个充分条件。阿契塔是哲学家柏拉图的挚友，也被视为风筝的发明者。

《几何原本》拉丁文首版（1570）

值得一提的是，《几何原本》的第一个中译本是在 1607 年出版的，由意大利传教士、汉学家利玛窦和明代学者徐光启合作翻译。可惜他们只译出了前 6 卷，全译本要等到 1857 年才出版，后 9 卷由英国传教士、汉学家伟烈亚力和清代数学家李善兰合作翻译。也就是说，从那时起，中国人知道了完美数。

《圣经》开篇《创世纪》提到，上帝用 6 天创造了世界（第 7 天是休息日）。相信地心说的古希腊人则认为，月亮围绕地球旋转所需的时间是 28 天。古罗马思想家奥古斯丁（Augustinus）也在《上帝之城》中写道："6 这个数本身就是完美的，并非因为上帝造物用了 6 天；事实上，恰恰因为 6 是完美的，所以上帝在 6 天之内把一切事物都造好了。"

尼科马库斯

自从诞生以来，完美数就有着一种诱人的魔力，吸引着众多伟大的数学家和业余爱好者。他们像淘金者一样趋之若鹜，永不停歇地寻找完美数。接下来被发现的两个完美数是 496 和 8 128，大约在 100 年，毕达哥拉斯学派的尼科马库斯（Nicomachus）写下了名著《算术导论》，提到了这两个完美数。

依照阿契塔或欧几里得提供的完美数充分条件，当 p 取 2 和 3 时，分别对应于 6 和 28 这两个完美数；当 p 取 5 和 7 时，则分别对应 496 和 8 128。尼科马库斯还在自己的书中提出了有关完美数的 5 个猜想，这也是关于完美数最早的猜想：

　　1）第 n 个完美数是 n 位数；

　　2）所有的完美数都是偶数；

　　3）完美数交替以 6 和 8 结尾；

　　4）《几何原本》中完美数的充分性也是必要的；

　　5）存在无穷多个完美数。

其中，1）和 3）后来被证明是错误的；4）被欧拉证实，阿拉伯物理学家海桑（Hasan）在 1000 年前后也有此猜想；2）和 5）即今天所指的完美数问题。因此，尼科马库斯这个名字应该被我们记住，他出生在罗马帝国的叙利亚行省，现隶属约旦王国，位于大马士革、安曼和死海之间。

尼科马库斯的另一部著作是《和声学手册》，主要论述毕达哥拉斯的音乐理论。他还写过两卷本的《数的神学》，可惜只有片段留存下来，其中包含今天我们熟知的一个漂亮恒等式，即

尼科马库斯定理 前 n 个立方数的和等于前 n 个正整数之和的平方，即

$$1^3 + 2^3 + 3^3 + \cdots + n^3 = (1 + 2 + 3 + \cdots + n)^2$$

梅森素数

第 5 个完美数的出现姗姗来迟，与第 3 和第 4 个完美数差不多相隔 13.5 个世纪，跨越了中世纪的黑暗时代，直到 1456—1461 年，才由一位无名氏发现。这是一个八位数 33 550 336，对应于 $p = 13$。1536 年，意大利人雷吉乌斯（H. Regius）重又发现了这个完美数。

之前，当人们发现 $M_2 = 3$，$M_3 = 7$，$M_5 = 31$，$M_7 = 127$（$M_n = 2^n - 1$）是素数时，便以为所有的 M_p 都是素数。可是，雷吉乌斯却发现 M_{11} 不是素数：

$$M_{11} = 2^{11} - 1 = 2\ 047 = 23 \times 89$$

正是这个发现，让完美数悬念迭起。

1588 年，意大利数学家卡塔尔迪（P. Cataldi）找到了第 6 个完美数 8 589 869 056 和第 7 个完美数 137 438 691 328，分别对应于 $p = 17$ 和 $p = 19$。按照迪克森（L. E. Dickson，杨振宁父亲杨武之的博士导师）在《数论史》中的描述，在尼科马库斯和卡塔尔迪之间，有 19 个人声称自己找到了第 6 个完美数。第 7 个完美数所包含的那个素数 $2^{19} - 1 = 524\ 287$，在此后的两个世纪里一直是人类所知最大的素数。

在卡塔尔迪发现第 6 个和第 7 个完美数的同一年，法国天主教修道士梅森（M. Mersenne）出生了。梅森研究了形如 $M_n = 2^n - 1$ 的数，做出了许多发现和猜测，因此这类数被后人称为梅森数。当梅森数为素数时，叫

作梅森素数。显而易见，有多少梅森素数，就有多少偶完美数。但在那个年代，这个命题的反命题是否成立，尚不得而知。

数学家梅森神父

与梅森同时代的两位法国人笛卡尔和费尔马对数学的发展做出了巨大的贡献，对完美数问题，他们也悄悄地予以关注，并倾注了心血，但收效甚微。笛卡尔曾公开预言："能找出的完美数不会多，就好比人类，要找出一个完美的人亦非易事。"费尔马在研究完美数的过程中，发现了费尔马小定理：

费尔马小定理 若 p 是素数，$(a,p)=1$，则 $a^{p-1}-1$ 是 p 的倍数。

欧拉的证明

现在轮到瑞士出生的数学家欧拉出场了。

欧拉之墓。作者摄于圣彼得堡

1747 年，客居柏林的瑞士数学家欧拉证实了尼科马库斯的猜想，即凡是偶完美数必具有（E）的形式。在今天看来，这个证明并不算难。

欧拉的证明　设 n 是偶数，$n = 2^{r-1}s$，$r \geqslant 2$，s 是奇数，若 n 是完美数，则有 $\sigma(n) = \sigma(2^{r-1}s) = 2^r s$。由于 2^{r-1} 和 s 无公因子，$2^{r-1}s$ 的因子之和等于 s 的因子之和的 $(2^r - 1)/(2 - 1) = 2^r - 1$ 倍，故 $\sigma(n) = (2^r - 1)\,\sigma(s)$。令 $\sigma(s) = s + t$，其中 t 是 s 的真因子之和，则 $2^r s = (2^r - 1)(s + t)$，即 $s = (2^r - 1)t$。也就是说，t 既是 s 的真因子，又是 s 的真因子之和，故 $t = 1$，且 $s = 2^r - 1$ 为素数。

这一充分必要条件也被称作**欧几里得－欧拉定理**：

偶数 n 是完美数当且仅当

$$n = 2^{p-1}(2^p - 1)$$

其中 p 和 $2^p - 1$ 均为素数。

至此，偶完美数就比较明显了，其存在性归结为梅森素数的判断。尼科马库斯猜想的 1）和 3）都被否定了，因为第 5 个完全数是八位数，且第 5 个完美数和第 6 个完美数均以 6 结尾。又过了 25 年，65 岁的欧拉已经双目失明，却在助手的帮助下，用心算法找到了第 8 个完美数 2 305 843 008 139 952 128，对应于 $p = 31$。

此时距离上一个完美数的发现，已经过去了 184 年。换句话说，虽然 17 世纪被英国哲学家怀特海誉为"天才的世纪"，且有多位伟大的数学家沉湎于完美数问题，却仍然没有找到一个新的完美数。

卢卡斯－莱默检验法

时光又过去了一个多世纪，1883 年，在俄国乌拉尔山以东（隶属亚洲），距离叶卡捷琳堡 250 公里的一座小村庄里，一位 56 岁的东正教牧师波佛辛（I. Pervushin）找到了第 9 个完美数（共 37 位，对应于 $p = 61$）。值得一提的是，波佛辛出生的彼尔姆州在乌拉尔山西侧（隶属欧洲）。

此前 7 年，即 1876 年，法国数学家卢卡斯（É. Lucas）经过 19 年的努力，手工验算出 M_{127} 是素数（77 位）。在之后的 3/4 个世纪里，M_{127} 一直是人类所知的最大素数，直到计算机时代来临（它依然是手工验算得出的最大素数）。不幸的是，49 岁那年，卢卡斯被一只打碎的瓷碗割伤手臂，因破伤风去世。

法国数学家卢卡斯

1911 年和 1914 年，美国科罗拉多州的一位铁路公司职员鲍尔斯（R. E. Powers）发现了第 10 个和第 11 个完美数，分别有 54 位和 65 位，对应于 $p = 89$ 和 $p = 107$。依照大小顺序，卢卡斯找到的那个是第 12 个完美数。值得一提的是，卢卡斯的方法后来被美国数学家莱默（D. H. Lehmer）提炼成一个判断梅森素数的有效方法。

卢卡斯－莱默素数检验法 对于任意奇素数 p，$M_p = 2^p - 1$ 是素数，当且仅当 $M_p | S_{p-2}$，这里 $S_0 = 4$，$S_k = S_{k-1}^2 - 2 \ (k > 0)$。

鲍尔斯有所不知的是，在他于加州小镇去世的前一天晚上，即 1952 年 1 月 30 日，加州大学伯克利分校的罗宾逊（R. M. Robinson）

教授利用计算机，找到了另外两个新的完美数（第 13 个和第 14 个），分别有 314 位和 366 位，对应于 $p = 521$ 和 $p = 607$。当年，罗宾逊又找到了另外 3 个完美数。从那时起，完美数便进入了计算机时代，有关完美数和梅森素数的竞争也变成了计算机之间的竞争。

完美数问题

现在，我们再来看本部分开头提到的完美数问题，它由两个部分组成：

问题 1 到底有多少个完美数？

经过历代数学家和数学爱好者的共同努力，截至 2018 年 1 月，人类一共找到 50 个梅森素数和偶完美数，其中第 50 个梅森素数是

$$2^{77\,232\,917} - 1$$

它和相应的完美数各有 23 249 425 位和 46 498 849 位，这是迄今人们已知的最大素数和最大完美数。

可是，仍然无人知道，完美数究竟是有限个，还是有无穷多个？

问题 2 是否存在奇完美数？

到目前为止，人类发现的 50 个完美数均为偶数，会不会有奇完美数存在呢？即便借助强大的计算机，也无人能够回答这个问题。人们只知道，如果有，那么这个数必然大于 $10^{1\,500}$，并且需要满足一系列苛刻的条件。

平方完美数

由于完美数非常稀少，历史上有一些伟大的数学家，例如笛卡尔、费尔马、梅森、欧拉，以及 20 世纪的莱默、卡迈克尔（R. D. Carmichael）等人都研究过下列 k 阶完美数

$$\sum_{d|0,\, d<n} d = kn,$$

当 $k = 1$ 时，即为完美数。遗憾的是，当 $k > 1$ 时，他们只找到零星的解答，而没有得到类似于欧拉证明的充要条件。

2012 年春天，我提出并考虑了平方完美数的问题，即下列方程

$$\sum_{d|0,\, d<n} d^2 = 3n \qquad （F）$$

的正整数解。

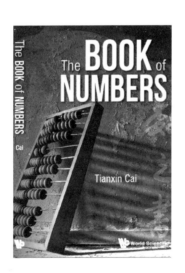

作者所著《数之书》英文版封面（2016）

我与我指导的研究生陈德溢、张勇以及本科生王六权合作，在 2002 年和 2004 年先后证明了下文的定理 1 和定理 2。

定理 1　方程（F）的所有解为 $n = F_{2k-1}F_{2k+1}(k \geq 1)$，其中 F_{2k-1} 和 F_{2k+1} 是斐波那契孪生素数。

在这里，斐波那契数便是前文介绍的兔子问题所定义的数列中的数，即 $F_1 = F_2 = 1$，$F_n = F_{n-1} + F_{n-2}(n \geq 3)$。当一对斐波那契数都为素数，且下标相差 2 时，我们称之为斐波那契孪生素数。已知的 5 个平方完美数是 F_3F_5，F_5F_7，$F_{11}F_{13}$，$F_{431}F_{433}$，$F_{569}F_{571}$，它们分别是（第 4 个和第 5 个各有 180 位和 238 位）

10（$F_3 = 2$，$F_5 = 5$），

65（$F_5 = 5$，$F_7 = 13$），

20 737（$F_{11} = 89$，$F_{13} = 233$），

735 108 038 169 226 697 610 336 266 421 235 332 619 480 119 704 052 339 198 145 857 119 174 445 190 576 122 619 635 288 017 445 230 931 072 695 163 057 441 061 367 078 715 257 112 965 183 856 285 090 884 294 459 307 720 873 196 474 208 257，

3 523 220 957 390 444 959 595 279 062 040 480 245 884 253 791 540 018 496 569 589 759 612 684 974 224 639 027 640 287 843 213 615 446 328 687 904 372 189 751 725 183 659 047 971 600 027 111 855 728 553 282 782 938 238 390 010 064 604 217 978 755 993 551 604 318 057 918 269 182 928 456 761 611 403 668 577 116 737 601

从中很容易看出，10 是唯一的偶平方完美数，这是因为只有一个偶素数 2。可是，我们既不知道是否还有第 6 个平方完美数，也无法证明存在无穷多个平方完美数。

由于梅森（Mersenne）的第一个字母是 M，斐波那契（Fibonacci）的第一个字母是 F，日本名古屋大学的数学家松本耕二在一次国际数论会议期间听过我的报告后公开建议，分别称它们为阳性（Male）完美数和阴性（Female）完美数。

下面的结论与闻名遐迩的孪生素数猜想（存在无穷多对相差为 2 的素数）密切相关。

定理 2　孪生素数猜想成立当且仅当下列方程有无穷多个正整数解

$$\sum_{d|0,\ d<n} d^2 = 2n + 5 \qquad\qquad （G）$$

值得一提的是，1859 年，法国数学家波利尼亚克（A. de Polignac）推广了孪生素数猜想，他提出

任给正整数 k，存在无穷多个相差为 $2k$ 的素数对。

当 $k = 1$ 时，即孪生素数猜想。我们不仅得到了对应波尼亚克猜想的类似（G）的等价方程，2016 年秋天我还发现，波利尼亚克猜想可以做如下推广：

任给正整数 k，存在无穷多个相差为 $6k$ 的四元素数组，无穷多个相差为 $30k$ 的六元素数组，……

例如，{5，11，17，23} 是公差为 6 的四元等差素数列，{7，37，67，97，127，157} 是公差为 30 的六元等差素数列，……

埃及分数与狄多女王

当我们对某件事情怀着非常强烈的期望时，我们
所期望的事就会发生。

——皮格马利翁效应

埃及分数的故事

有一则现代故事，说的是一位富有的阿拉伯酋长，他临终时宣布把 11 辆豪华汽车赠送给他的 3 个女儿。他要求把 1/2 送给大女儿，1/4 送给二女儿，1/6 送给小女儿。问题出现了：如何在不毁坏汽车的情况下，将它们严格按酋长的遗嘱分给他的 3 个女儿？

最后，一位汽车经销商帮忙解决了这个难题。这位经销商无偿提供了一辆汽车，这样一来，就有 12 辆汽车了，3 个女儿按遗嘱分别获赠 6 辆、3 辆和 2 辆汽车。当她们把自己分得的汽车开走以后，还剩下 1 辆，自然物归原主回到了经销商手中。也就是说，他既做了人情，又没有任何损失。

这则故事实际上提出了这样一个数学问题，即如何把有理数 $\dfrac{n}{n+1}$ 表示成 3 个单位分数之和。所谓单位分数又叫埃及分数（Egyptian fraction），是指分子为 1 的正分数。这类分数是古埃及人最常用的分数，被视为"神灵的眼睛"，埃及人甚至用它们来做乘除计算。于是，问题变成了

$$\frac{n}{n+1} = \frac{1}{x} + \frac{1}{y} + \frac{1}{z}$$

上述有关汽车的分配问题相当于 $n = 11$ 的求解，其中 n 是酋长留下的汽车数量。答案是：$(x, y, z) = (2, 4, 6)$。

一般的埃及分数问题是指，如何将一个有理数表示为若干单位分数之和。也就是说，给定互素的正整数 m、n，求解

$$\frac{m}{n} = \frac{1}{x_1} + \frac{1}{x_2} + \cdots + \frac{1}{x_k} \qquad （E）$$

结论是肯定的，也就是说，任给互素的正整数 m 和 n，k 和 x_k 一定存在，而一些未解决的著名问题在于指定的特殊值上。

例如，取 $m = 4$，$k = 3$。1948 年，匈牙利数学家爱多士（P. Erdös）和德国出生的美国数学家、爱因斯坦的助手斯特劳斯（E. G. Straus）猜测，对于任何 $n > 1$，方程

$$\frac{4}{n} = \frac{1}{x} + \frac{1}{y} + \frac{1}{z}$$

恒有解。

美国出生的英国数学家莫德尔（L. J. Mordell）证明了，当 $n - 1$ 不是 24 的倍数时，上述猜想成立。1982 年，一位名为杨勋乾（Xunqian Yang，音译）的中国数论学者证明，如果 n、$n + 1$、$n + 4$ 或 $4n + 1$ 之一含有模 4 余 3 的因子，猜想便成立。由此可知，这个猜想对几乎所有的 n 都成立。迄今为止，人们已验证当 $n \leqslant 10^{14}$ 时猜想均正确。

又如，取 $m = 5$，$k = 3$。1956 年，波兰数学家席宾斯基猜测，对于任何 $n > 1$，方程

$$\frac{5}{n} = \frac{1}{x} + \frac{1}{y} + \frac{1}{z}$$

恒有解。

1966 年，斯图尔特（J. Stewart）验证了 $n \leqslant 10^9$ 时上述猜想成立。他还证明了，当 $n - 1$ 不是 278 468 的倍数时，猜想也成立。可是，我们仍不知是否对所有的 n 或几乎所有的 n 该猜想都成立。

上述两个猜想至今未得到证实或否定，包括菲尔兹奖得主、华裔

澳大利亚数学家陶哲轩在内的人都研究过这个问题，依然无法解决。还有一个问题也颇有意思，在（E）中取 $m = n = 1$，令 $x_1 < x_2 < \cdots < x_k$。对于任意给定的正整数 k，确定 x_k 的最小值。假设这个最小值为 $m(k)$，则 $m(3) = 6$，$m(4) = 12$。即

$$1 = \frac{1}{2} + \frac{1}{3} + \frac{1}{6}$$

$$1 = \frac{1}{2} + \frac{1}{4} + \frac{1}{6} + \frac{1}{12}$$

至于一般结果，尚无人知晓。

狄多女王的水牛皮

与埃及同处地中海南岸的突尼斯是古代迦太基人的居住地。迦太基是介于四大文明古国与古希腊之间的古国，其建国者是狄多（Dido）女王。16 世纪的英国剧作家马洛为她写过一出戏剧，1792 年，伦敦上演了依据古罗马诗人维吉尔（Virgil）的史诗《埃涅阿斯纪》改编的三幕歌剧《迦太基女王》。一位 1971 年出生的英国流行音乐天后也给自己取名狄多，她曾多次获得英国年度最佳女歌手奖。

有趣的是，有一个数学分支的起源与狄多女王有关。根据希腊传说，初到迦太基的狄多女王得到了一张水牛皮，原住民答应给她一块与水牛皮围起来的土地一样大小的立足之地。聪明的女王命随从把水牛皮切成一根根细长的皮条，圈出最大的面积，结果得到半个圆。如果是在内陆平原，这个结论当然是错误的，因为用同样的长度围一个圆，圈定的面积一定比半圆大得多。关于这一点，读者只要计算圆面积和周长，便可证明。

迦太基古城模型。作者摄于突尼斯

这就是变分法的起源故事，这个故事的另一个版本是：地中海塞浦路斯岛（如今一个国家，两个地区分治）的狄多女王在丈夫被她的弟弟皮格玛利翁（Pigmalion）杀死后，带着随从向西逃亡到非洲海岸，从当地一位酋长手中购买了一块土地，在那里建立起迦太基城。土地购买协议是这样签订的：一个人在一天内犁出的沟能圈起多大的面积，这个城就可以建多大。

我曾实地踏访，在游历了包括开罗金字塔、斯芬克斯和亚历山大图书馆遗址等在内的古埃及文明遗址以后，又来到邻近的突尼斯，发现迦太基古城建在地中海海滨，那里离现在的首都突尼斯城有一段距离。从博物馆内所绘地形图来看，古城的形状的确接近于半圆。

自从牛顿和莱布尼茨发明微积分以后，微积分不断发展、严格、完善，并向多元演变。在函数概念深化的同时，它又被迅速而广泛地应用于其他领域，形成了一些新的数学分支，甚至渗透到人文和社会科学领域。其中的一个显著现象是，数学与力学的关系比以往任何时候都要密切，那个时期的数学家大多也是力学家，正如古代东西方有许多数学家也是天文学家一样。

这些新兴的数学分支有常微分方程、偏微分方程、变分法，以及微分几何和代数方程等。在众多数学家的共同努力下，通过这些数学分支的建立，加上微积分学这个主体，形成了被称为"分析学"的数学领域，它与代数学、几何学并列成为近代数学的三大学科，其繁荣程度甚至后来居上。

相比其他数学分支，变分法的诞生不仅更富戏剧性，而且译名听起来不像一个分支学科，它的原意是"变量的微积分"。变分法是研究函数变量的数学，而普通微积分是处理数的变量的。如今变分法的应用范围极广，从肥皂泡到相对论，从测地线到极小曲面，再到等周问题，后者包括狄多女王的面积最大化问题。

除了狄多女王的圈地问题以外，最速降线问题也非常有趣，即求出既不在同一平面也不在同一垂线上的两点之间的曲线，使质点仅在重力作用之下最快速地从一点滑到另一点。这个问题最初是由意大利物理学家伽利略于 1630 年提出来的，他错误地认为答案是圆弧。1696 年，瑞士数学家约翰·伯努利（Johann Bernoulli）再度提出这个问题并公开征解，吸引了全欧洲的大数学家，包括牛顿、莱布尼茨和约翰的哥哥雅各布（Jacob）都来参与。

最速降线可以归结为求一类特殊函数的极值问题，正确答案是摆线，又称旋轮线。它是这样定义的：一个圆沿一条直线滚动，圆上某一固定点所经过的轨迹叫作摆线。它的外形有点儿像圆弧或抛物线的一部分，难怪像伽利略这样的大家也会弄错。

托尔斯泰的小说

狄多女王和皮格马利翁这对姐弟各自的爱情故事曲折动人，被古罗马诗人维吉尔和奥维德（Ovid）先后写入他们的诗歌。在维吉尔的史诗里，狄多在迦太基遇见并爱上了特洛伊王子、罗马城的创建者埃涅阿斯（Aineías）。女巫姐妹为了破坏他们的爱情，欺骗他离开迦太基去完成一项使命，结果狄多误以为自己被情人背叛，自刎而死。1689 年，英国作曲家普赛尔（H. Purcell）写了一出歌剧《狄多与埃涅阿斯》。

依照希腊神话，皮格马利翁是钟情于爱神阿芙洛狄忒雕像的塞浦路斯国王。他不喜欢凡间女子，决定永不结婚。而在奥维德的《变形记》里，皮格马利翁以神奇的技艺用象牙雕刻了一尊美丽无比的少女像，在夜以继日的工作中，他把自己全部的精力、热情和爱恋都倾注于这尊雕像。

皮格马利翁像对待爱人和妻子那样爱抚她、装扮她，为她起名加拉泰亚（Galatea），并向神乞求让她成为自己的妻子。爱神阿芙洛狄忒得知以后，被他的真诚打动，赐予雕像生命，并让他们结为夫妻。英国画家透纳（W. Turner）画过《狄多建设迦太基》，法国雕塑家罗丹（Rodin）、爱尔兰剧作家萧伯纳（Bernard Shaw）等都塑造过皮格马利翁的形象，电影《窈窕淑女》则表达了所谓的"皮格马利翁效应"主题，即当我们对某件事情怀着非常强烈的期望时，我们所期望的事就会发生。

在企业管理方面，一些卓越的管理者懂得利用"皮格马利翁效应"来激发员工的斗志，从而创造出更大的经济效益，例如通用电气 CEO（首席执行官）韦尔奇（J. Welch）、"钢铁大王"卡内基（A. Carnegie）、"经营之神"松下幸之助。

油画《皮格马利翁》　　　　梵蒂冈藏画《狄多之死》

　　而狄多女王圈地的故事，也曾激发出俄国大文豪列夫·托尔斯泰（Leo Tolstoy）的灵感，他是一位数学爱好者，喜欢将数学问题融入文学创作。他写过一篇题为《一个人需要多少土地？》的小说，在文中巧妙地运用数学知识，对贪婪的主人公进行了绝妙的讽刺。读到最后，还能感受到一丝悲剧的气氛。

　　小说的主人公名叫帕霍姆，他遇到一个奇特的卖地者：不论是谁，只要交 1 000 卢布，就可以在草原上，从日出走到太阳落山，只要在天黑之前回到出发点，他走过路线所围起来的土地就都属于他。但如果没回到出发点，那么他一点儿土地也得不到，1 000 卢布就打了水漂。

　　帕霍姆交了 1 000 卢布以后，天一亮就开始大步行走。他先沿一条直线走了 10 俄里①，然后垂直左转，又走了相当一段距离，再次垂直左转，走了两俄里。这时他发现天色已经不早了，于是向着起点狂奔，跑了 15 俄里之后，他终于赶在日落时分回到了起点。但只见帕霍姆双腿一软，栽倒在地，口吐鲜血，一命呜呼了。

　　这篇小说实际上出了一道并不难的几何题：帕霍姆走过的路线构成了一个上底为 2、下底为 10、斜腰为 15（单位均为俄里）的直角梯

---

①　1 俄里 ≈1.07 公里。——编者注

形，这个梯形的周长是多少？面积又是多大？学过勾股定理的读者应
该会计算梯形的高和面积。如果帕霍姆活着，他就可以得到约 86.72
平方公里（约合 13 万亩）的土地！这就是贪婪者的下场。

有趣的是，如果我们计算一下这个直角梯形的周长，就会得到
39.7 俄里的结果，换算成公里的话，是 42.195 公里，这恰好是一个马
拉松赛跑的距离！公元前 490 年古希腊士兵斐里庇得斯（Pheidippides）
在他们战胜波斯帝国的军队以后，从马拉松跑回雅典传捷报，结果喊
了一声"我们胜利了！"就倒地而亡，帕霍姆也是因为跑了这样一个
距离后累死了。

看来托尔斯泰不仅构思巧妙，数学修养也不赖。如果帕霍姆不跑
直角梯形，而是采取别的什么路线，应该可以少走很多路而得到同样
大小的土地。这就是狄多女王面临的变分法问题，其答案是圆。类似
的问题是，用什么形状的容器可以容纳尽可能多的液体或气体？答案
是球。还有，如果帕霍姆当初走的路线是一个圆，那么圈住 13 万亩土
地只需要走 33 公里左右，他可能就不会累死。

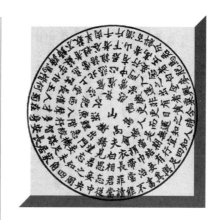

回文数与角谷猜想

高等算术（数论）看起来囊括了数学的大部分罗曼史。

——［英］路易斯·莫德尔

花环数或回文数

赏花归去马如飞，

去马如飞酒力微；

酒力微醒时已暮，

醒时已暮赏花归。

12 世纪的一个夏日，大诗人苏东坡陪妹妹游杭州西湖时写下了这首回文诗。"回文"是指正读反读都能读通的句子，它是古今中外都有的一种修辞方式和文字游戏，例如"我为人人，人人为我"。在英文里也有回文，例如"Race car"，"Step on no pets"，"Put it up"，"Was it a car or a cat I saw?"，"A man, a plan, a canal, Panama!"。在西班牙文里亦有，例如"Amor Roma"。

有趣的是，数学里也有一种叫回文数的游戏。

大约在 850 年，印度数学家马哈维拉撰写了《计算精华》一书，该书曾在南印度被广泛使用。1912 年，这部书被译成英文在马德拉斯出版，成为印度第一部初具现代形式的教科书。书中提到了"花环数"，即将两整数相乘，使其乘积的数字呈中心对称，也被称为"回文数"。马哈维拉找到了一些回文数，例如

$$14\,287\,143 \times 7 = 100\,010\,001$$

$$12\,345\,679 \times 9 = 111\,111\,111$$

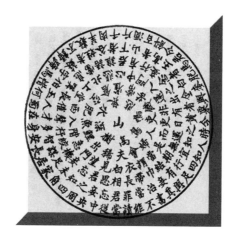

中国古代的回文诗

27 994 681 × 441 = 12 345 654 321

之所以称之为花环数，估计与印度人爱花，而且花环无头无尾且对称有关。回文数的英文是 palindromic number，阿拉伯人称其为山鲁佐德数，即以《一千零一夜》里那位会讲故事的王妃的名字

山鲁佐德

（Scheherazade）命名。事实上，1 001（＝143×7）本身便是一个花环数。

方幂数里也有许多花环数，例如 $11^2 = 121$，$7^3 = 343$，$11^4 = 14\,641$。迄今为止，人们尚未找到 5 次或更高次幂的回文数，于是有了以下猜想。

猜想 不存在形如 $n^k (n \geqslant 2, k \geqslant 5)$ 的回文数。

值得一提的是，四位和六位回文数有一个特点，它绝不可能是素数。例如，设其为 $\overline{abba}$，它等于 $1\,000\,a + 100\,b + 10b + a = 1\,001a + 110b$，能被 11 整除。

一个回文数，如果它同时还是某个数的平方，就叫作平方回文数。在 1 000 以内的正整数里，有 108 个回文数，而平方回文数只有 6 个，即 1、4、9、121、484、676；考虑到 1 000 以内的平方数只有 31 个，因此回文数的比例较高。有些数通过（不断）与它的倒序数相加，也可得到回文数。例如，29 ＋ 92 ＝ 121；再例如，194 ＋ 491 ＝ 685，586 ＋ 685 ＝ 1 271，1 271 ＋ 1 721 ＝ 2 992。于是，就有了以下问题。

问题 是否任何一个正整数与它的倒序数相加，所得的和再与和的倒序数相加……如此反复，经过有限次步骤后，最后必定可以得到一个回文数？

必须指出，有些数尚未发现有此特征，例如 196。在电子计算机尚未问世的 1938 年，美国数学家莱默已手动计算到了第 73 步。到 2006 年，计算机已计算到第 699 万步，得到了一个 2.89 亿位的和数。到 2015 年，这个和数已达 10 亿位，但仍未得到回文数。人们既不能确定继续运算下去能否得到回文数，也不知道需要再运算多少步才能得到回文数。

永远得不到回文数的正整数被称为"利克瑞尔数"（Lychrel number），196 可能是最小的利克瑞尔数，因而受到了特别关注。说起这个名字，它的来历也很有趣，是其发明者范兰丁厄姆（Wade Van Landingham）将他当时女友的英文名 Cheryl 经过简单的字母换位而来的。

不难看出，假如 196 或其他数是利克瑞尔数，那么它后面的那些和数都是。也就是说，只要有一个利克瑞尔数，就有无穷多个利克瑞尔数。另外，还有一项关于"回文数"计算步数的世界纪录。它是一个 19 位数字 1 186 060 307 891 929 990，算出它的"回文数"用了 261 步，是在 2005 年 11 月 30 日完成的。

无厘头的冰雹倾泻

自然数里包含着无穷无尽的奥秘。将近一个世纪以前，英国数学家莫德尔在一篇随笔中这样写道："数论是无与伦比的，因为整数和各式各样的结论，因为美丽和论证的丰富性。高等算术（数论）看起来囊括了数学的大部分罗曼史。"如同高斯在给索菲·热尔曼（S. Germain）的信中所写，"这类纯粹的研究只对那些有勇气探究它的人才会展现出最迷人的魔力"。

或许有一天，全世界的黄金和钻石都会被挖掘殆尽，但数论却是取之不竭的珍宝。上节我们给出了回文数的性质以及利克瑞尔数存在的可能性，下面我们要讨论的角谷猜想也有类似情况，是否存在一个回不到 1 的反例呢？事情得从一则新闻报道说起。

1976 年的一天，《华盛顿邮报》头版头条刊载了一条新闻，讲述的是一则与数学有关的故事：

20世纪70年代中期，在美国诸多名牌大学校园内，人们都像发疯一般，夜以继日、废寝忘食地玩一种数学游戏。这个游戏十分简单：任意写出一个自然数 n，并按照以下的规律进行变换，

如果 n 是奇数，则下一步变成 3n + 1；

如果 n 是偶数，则下一步变成 n / 2。

例如

$3 \rightarrow 10 \rightarrow 5 \rightarrow 16 \rightarrow 8 \rightarrow 4 \rightarrow 2 \rightarrow 1$；

$7 \rightarrow 22 \rightarrow 11 \rightarrow 34 \rightarrow 17 \rightarrow 52 \rightarrow 26 \rightarrow 13 \rightarrow 40 \rightarrow 20 \rightarrow 10 \rightarrow 5 \rightarrow 16 \rightarrow 8 \rightarrow 4 \rightarrow 2 \rightarrow 1$。

不单单是学生，教授、实验员也都纷纷加入，无论是数学还是非数学专业。为什么这种游戏如此引人入胜？因为人们发现，无论 n 是什么数字，最终都无法逃脱归于1的命运。准确地说，是不可避免地落入4—2—1循环，永远也摆脱不了这种宿命。

这就是著名的"冰雹猜想"，它的最大魅力在于其不可预测性。当代最活跃的数学家之一、英国剑桥大学教授约翰·康威（J. Conway）找到了一个自然数27。虽然27貌不惊人，但如果按照上述方法进行运算，它的上浮下沉将异常剧烈。27先要经过77步的变换到达峰顶值9 232，再经过34步到达谷底值1。

全部的变换过程（叫作"雹程"）为111步，其峰顶值9 232是27的342倍多，如果是瀑布般的直线下落（2的 n 次方），与这个峰顶值大小相当的8 192（2的13次方）只需13步就能到达1。而在1到100的范围内，27以及27的2倍（54）的波动是最为剧烈的。

这个"冰雹问题"便是著名的 3x + 1 问题。1937年，德国数学家柯拉茨（L. Collatz）考虑了下列数论函数

$$f(x) = \begin{cases} \dfrac{x}{2}, & \text{若 } x \text{ 是偶数} \\[2ex] \dfrac{3x+1}{2}, & \text{若 } x \text{ 是奇数} \end{cases}$$

他猜想，对任意正整数 x，经过有限次迭代运算后，$f(x)$ 均归于 1，迭代次数被称为 x 的停摆时间（stopping time）。这就是柯拉茨猜想。

这一猜想还有其他名字，例如乌拉姆猜想、叙拉古问题，等等。这大概是因为在世界各地，许多人都提出过这个问题。在中国，它常常被称为角谷猜想，这是因为日本出生的美国数学家角谷静夫也曾提出这一猜想。角谷静夫的女儿角谷美智子是一位文学评论家，获得过普利策奖。角谷美智子任《纽约时报》首席书评人长达 34 年，多次就阅读问题采访奥巴马，包括他开给女儿的书单，以及对中国科幻小说《三体》的看法。

角谷猜想的推广

虽然有人验算了在 x 不超过 3×2^{50} 时角谷猜想均成立，但至今无人能够证明或否定它。匈牙利数学家爱多士甚至认为，用现有的数学方法无法完全证明角谷猜想。即便考虑类似 $qx+1$（q 为大于 3 的奇数）或 $3x-1$ 这样的问题的推广，也被认为没有可能性。换句话说，猜想的自然推广并不存在。做出此断言的，正是那位发现 $x=27$ 处有冰雹现象的康威。

近年来，我在与浙西南山区中学老师徐胜利的通信中，做了一些新的探索和尝试。我们首先注意到，当 x 是奇数时，$3x+1$ 必然是偶数，则下一步应是（$3x+1$）/2。因此，我们可以把这个问题转化为下列等

价的数论函数

$$g(x) = \begin{cases} \dfrac{x}{2}, & \text{若 } x \text{ 是偶数} \\[2mm] [\dfrac{3}{2}x] + 1, & \text{若 } x \text{ 是奇数} \end{cases}$$

这里 $[x]$ 是不超过 x 的最大整数，或叫 x 的整数部分（也有人称它为高斯函数），此处 x 可取任意实数，例如 $[e] = 2$，$[-\pi] = -4$。函数 $f(x)$ 与 $g(x)$ 之所以等价，是因为假设 $x = 2s + 1$，则 $[\dfrac{3}{2}x] + 1 = [\dfrac{6s + 3}{2}] + 1 = 3s + 2 = \dfrac{3x + 1}{2}$。

有了上述等价定义以后，我们便可将角谷猜想予以推广。

对于任何正整数 c，我们定义

$$g_c(x) = \begin{cases} \dfrac{x}{2}, & \text{若 } x \text{ 是偶数} \\[2mm] [\dfrac{c + 2}{c + 1}x] + 1, & \text{若 } x \text{ 是奇数} \end{cases}$$

当 $c = 1$ 时，$g_1(x) = g(x)$，此即 $3x + 1$ 问题。当 c 为偶数时，$c + 2$ 是反例。当 $c = 3$ 时，存在反例 $n = 37$，即循环 $\{37, 47, 59, 74\}$，这 4 个数里任意一个都无法归于 1。而当 c 是大于 3 的奇数时，$g_c(x)$ 依然可以归于 1。我们已验证对 $c \leqslant 50\ 000$ 的奇数，$x \leqslant 10^7$ 时结论成立。

至于相应的 $3x - 1$ 问题，已知无法一致归于 1。事实上，许多正整数都会归于下列两个循环之一，即 $\{5, 7, 10\}$ 和 $\{17, 25, 37, 55, 82, 41, 61, 91, 136, 68, 34\}$。可是，我们可以先把 $3x - 1$ 问题变成下列等价形式

$$h(x) = \begin{cases} \dfrac{x}{2}, & \text{若 } x \text{ 是偶数} \\[2mm] [\dfrac{3}{2}x], & \text{若 } x \text{ 是奇数} \end{cases}$$

我们发现，如果定义

$$i(x) = \begin{cases} \dfrac{x}{2}, & \text{若 } x \text{ 是偶数} \\[2mm] [\dfrac{4}{3}x], & \text{若 } x \text{ 是奇数} \end{cases}$$

则仍可以让任何正整数归于 1（已在 $x \leqslant 10^{12}$ 范围内验证）。

对于原汁原味的 $3x + 1$ 问题，也有以下推广，这是驻柬埔寨某国际组织的数学爱好者沈利兴在阅读《数之书》后产生的想法，并利用计算机做了验证。设 k 是任意非负整数，考虑函数

$$f_k(x) = \begin{cases} \dfrac{x}{2}, & \text{若 } x \text{ 是偶数} \\[2mm] \dfrac{3x + 3^k}{2}, & \text{若 } x \text{ 是奇数} \end{cases}$$

沈利兴猜测，对于任意正整数 x，经过有限次迭代运算后，$f_k(x)$ 均归于 3^k。特别地，当 $k = 0$ 时，此即 $3x + 1$ 问题。

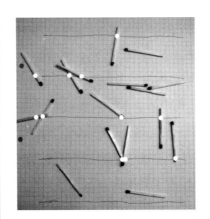

布丰的实验与蒙特卡罗

风格即人。

写作能力包括思想、感觉和表达，内心的明晰，
味觉和灵魂。

——［法］布丰

有趣的投针实验

　　18 世纪的一天，法国博物学家布丰（Comte de Buffon）邀请了许多朋友来到自己家中做客，席间一起做了一个实验。布丰先在桌子上铺好一张大白纸，白纸上画满了等距离的平行线，他又拿出很多等长的小针，小针的长度刚好是相邻平行线间距的一半。布丰说："请大家随意把这些小针往白纸上扔！"客人们纷纷照他说的做了。

　　他们共投掷了 2 212 枚小针。统计结果表明，与纸上平行线相交的有 704 枚，2 210 ÷ 704 ≈ 3.142。布丰说："这个数是 π 的近似值。每次实验都会得到圆周率的近似值，而且投掷的次数越多，求出的圆周率近似值就越精确。"这就是著名的"布丰实验"。

　　布丰发现，如果所选择的小针的长度固定，那么有利扔出（即扔出的针与平行线相交的情况）与不利扔出（即扔出的针与平行线不相交的情况）的次数之比，就是一个包含 π 的表达式。特别地，如果小针的长度是平行线距离的一半，那么有利扔出的概率恰好为 $1/\pi$。

　　布丰投针问题的实验数据

　　下面是利用这个公式，用概率的方法得到圆周率近似值的一些历史资料。

布丰实验的历史数据表

实验者	年份	投掷次数	与平行线相交数	圆周率近似值
沃夫（Wolf）	1850	5 000	2 532	3.159 6
史密斯（Smith）	1855	3 204	1 218.5	3.155 4
德摩根（De Morgan）	1860	600	382.5	3.137
福克斯（Fox）	1884	1 030	489	3.159 5
拉泽里尼（Lazzerini）	1901	3 408	1 808	3.141 592 9
雷纳（Reina）	1925	2 520	859	3.179 5

其中意大利人拉泽里尼在 1901 年投针 3 408 次，给出的圆周率近似值为 3.141 592 9，精确到小数点后 6 位。不过，他的实验数据遭到美国犹他州韦伯州立大学的巴杰教授的质疑。无论如何，通过几何、概率、微积分等不同领域和多种渠道均可求取 π 的值，这一现象令人惊讶。

布丰投针实验是第一个用几何方式来表达概率问题的例子，也是首次利用随机实验来处理确定性的数学问题，它推动和促进了概率论的发展。

布丰投针问题的证明

找一根铁丝做成圆圈，使其直径恰好等于两条平行线的间距 d。不难想象，对于这样的圆圈来说，不管怎么扔，都会与平行线有两个交点。这两个交点可能在一条平行线上，也可能在两条平行线上。因此，如果投掷圆圈的次数为 n，那么交点总数必为 $2n$。

现在把圆圈打开，变成一根长为 πd 的铁丝。显然，这样的铁丝投掷后与平行线相交的情形要比圆圈复杂，共有 5 种情况：4 个交点，3 个交点，2 个交点，1 个交点，0 个点。

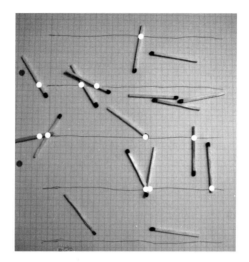

用火柴重复布丰实验

由于圆圈和直线的长度同为 πd，根据机会均等原理，当它们投掷次数较多且相等时，两者与平行线交点的总期望值应是一样的。也就是说，当长为 πd 的铁丝被投掷 n 次时，与平行线的交点总数也应该约为 $2n$。

现在来讨论铁丝长度为 l 的情形。随着投掷次数 n 的增大，铁丝与平行线的交点总数 m 应当与长度 l 成正比，因而有 $m = kl$，其中 k 是比例系数。

为了求出 k，考虑到当 $l = \pi d$ 时的特殊情形，有 $m = 2n$。由此可得

$$k = \frac{2n}{\pi d}$$

代入上式 ($m = kl$)，有

$$\frac{m}{n} = \frac{2l}{\pi d}$$

特别地，取 $l = d/2$，便可得到布丰的结果，即 $m / n = 1/\pi$。这个证明多

少带有直观因素，我们在学习了高等数学以后，还可以用概率论和微积分的方法给出更严格的证明。

皇家植物园园长

有趣的是，布丰的名字与意甲豪门尤文图斯守门员兼意大利足球队队长布冯的名字拼写一样，均为 Buffon。只不过前者是法国人，而后者是意大利人；前者生活在 18 世纪，而后者生活在当下。

布丰出生于盛产葡萄的勃艮第大区的一个小官吏之家，母亲颇有

人文修养。16 岁他就读于第戎的一所学院，虽然喜欢数学，却不得不遵从父命学习法律。这与他的同龄人、瑞士数学家欧拉的经历相似。那会儿欧拉在离第戎不远的巴塞尔大学，听他父亲的话攻读神学和希伯来语。原因在于，那时对非显贵家庭出身的年轻人来说，牧师、医生和律师不失为安身立命的三个好职业。可是，欧拉却偏偏对数学情有独钟。

法国博物学家布丰

欧拉 20 岁时只身去了俄国的彼得堡科学院，先是在医学部，后来转到数理学部。凭借自己的钻研和努力，他成为 17 世纪最伟大的数学家，也被誉为历史上最伟大的 4 位数学家之一。布丰也在 21 岁时转往法国西部的昂热大学攻读医学、植物学和数学，在此期间他结识了一位在欧洲大陆旅行的英国公爵，陪后者去了不少地方，也多次随这位公爵去往英国，后来还成为英国皇

家学会会员。

布丰 25 岁时，他的母亲去世了，他回到故乡经营自家农场。他经常去巴黎，是文学和哲学沙龙里的常客，并结识了伏尔泰等知识分子，自己也著作等身。他认为，写作能力包括思想、感觉和表达，内心的明晰，味觉和灵魂。46 岁那年，布丰当选为法兰西学院院士，就像 20 世纪的数学天才亨利·庞加莱（H. Poincaré）一样，同时站在科学与人文两大领域的顶峰。

布丰 32 岁时被任命为巴黎皇家植物园园长，他在这个位置上直到去世。布丰致力于把植物园办成学术和研究中心，从世界各地购买或获取新的植物和动物标本。布丰翻译过英国植物学家黑尔斯（S. Hales，第一个测量血压的人）的《植物志》和牛顿的《流数术》，并探索了牛顿和莱布尼茨发现微积分的历史过程。布丰还主编巨著《自然史》，原计划出 50 卷，在他去世前出了 36 卷。

布丰生前以博物学家的身份和自然史方面的著作闻名，并以"风格即人"的理念为人称道和传世。这就像我国北宋的政治家沈括一样，他因为写作了一部《梦溪笔谈》而被公认为伟大的博物学家，在数学、物理学、地质学等方面同样卓有成就。布丰的兴趣也非常广泛，且在多个领域均有重要建树。

布丰最早提出要对地质史进行时期的划分，并发表了太阳与彗星碰撞产生行星的理论。他还率先提出物种绝迹说，促进古生物学的研究。不过，他说新世界（指美洲）的物种之所以不如欧亚大陆，缺乏大型和强大物种，男子气的人也少于欧洲，是因为美洲大陆沼泽的气味和茂密的森林。这激怒了托马斯·杰斐逊，他派出 20 个士兵去新罕布尔州丛林寻找雄性麋鹿来向布丰展示"美国四足动物的雄壮和威严"。

布丰 45 岁时娶了一位来自故乡的没落贵族家的小姐。他们的第二个孩子幸免夭折，可是这个孩子 5 岁时他的母亲去世了，8 岁时布丰病重。幸好第二年布丰的病情好转，从此父子平安无事。布丰活到了 81 岁，晚年当选为美国艺术与科学学院的外籍院士。

蒙特卡罗方法

如同前文中提到的布丰投针试验，通过概率实验的方法来估计我们感兴趣的一个随机变量的期望值，这样的方法被称为蒙特卡罗方法。

蒙特卡罗是一个驰名世界的赌城，位于法国国界内离意大利不远的摩纳哥，傍依地中海海滨，属于风景如画的"蔚蓝海岸"的一部分。奥斯卡电影《蝴蝶梦》曾在那里取景，一级方程式赛车也在那里设有一站。我年轻时曾游历过蒙特卡罗赌城，发现它与美国的拉斯韦加斯和大西洋城不同，要求客人西装革履，穿西装短裤或拖鞋者谢绝入内。

蒙特卡罗方法是在"二战"期间，美国执行研制原子弹的"曼哈顿计划"时提出来的，主要归功于波兰人乌拉姆（S. Ulam）和匈牙利人冯·诺依曼这两位犹太数学家。冯·诺依曼以赌城蒙特卡罗的名字命名了这一方法，为它罩上了一层神秘的面纱。其实在此之前，蒙特卡罗方法就已存在，比如布丰实验。如今，蒙特卡罗方法在原子物理学、固体物理学、化学、生态学、社会学以及经济行为学等领域均得到了广泛应用。下面，我们再举两个例子。

例 1 把布丰实验做个推广，利用钝角三角形的边长计算圆周率。

现在任意给出 3 个正数，以它们为边长可以围成一个钝角三角形的概率 P 也与 π 有关，这个概率为 $(\pi - 2)/4$。证明如下：

设这三个正数为 x、y、z，而且 $x \leqslant y \leqslant z$。对于每一个确定的 z，考虑到一个三角形任意一边的长度小于另外两边的长度之和，故满足

$$x + y > z, x^2 + y^2 < z^2$$

后一个不等式成立是因为钝角三角形和勾股定理。我们很容易证明，这两个不等式即为以这 3 个正数为边长可围成钝角三角形的充要条件。因此，满足假设条件的 (x, y) 的可行区域为直线 $x + y = z$ 与圆 $x^2 + y^2 < z^2$ 所围成的小弓形，而 (x, y) 的总可行区域为一个边长为 z 的正方形。这样一来，以 3 个正数为边长可以围成一个钝角三角形的概率为

$$P = \frac{\text{弓形的面积}}{\text{正方形的面积}} = \frac{\pi z^2/4 - z^2/2}{z^2} = \frac{\pi - 2}{4}$$

由此可见，这个概率与 z 的选取无关。因此，对于任意正数 x、y、z，均有 $P = (\pi - 2)/4$，命题得证。

为了估算 π 的值，我们需要通过实验来估计这个概率，过程可交由计算机编程来实现。事实上，$x + y > z$，$x^2 + y^2 < z^2$ 等价于 $(x + y - z)(x^2 + y^2 - z^2) < 0$，因此只需检验后一个不等式是否成立即可。若进行了 m 次随机实验，有 n 次满足该不等式，那么当 m 足够大时，n/m 会趋近于 $(\pi - 2)/4$。而若令 $n/m = (\pi - 2)/4$，可求得 $\pi = 4n/m + 2$，由此即能估计出 π 的近似值。

例 2 利用蒙特卡罗方法，求任意曲边梯形的池塘面积。

蒙特卡罗方法的基本思想是：先建立一个概率模型，使所求问题的解正好是该模型的参数或其他有关的特征量。再通过模拟某个统计实验，即多次随机抽样实验（确定 m 和 n），统计出该事件发生的百分

比。只要实验次数足够多，该百分比便近似于事件发生的概率，这实际上就是概率的统计学定义。

可以说，蒙特卡罗方法属于实验数学的一种。它的适用范围很广泛，既能求解确定性的问题，也能求解随机性的问题，甚至可以探索科学研究中的理论问题。例 2 告诉我们，如何利用蒙特卡罗方法近似计算定积分，这属于数值积分问题。那么，任意曲边梯形形状的池塘面积，应该怎样测算呢？

设计方案是：如下图所示，假定池塘位于一块面积已知的矩形农田的中央。我们随机朝着这块农田扔泥巴，这些泥巴可能会溅起水花（落在池塘内），也可能不会（落在池塘外）。估计"溅起水花"的泥巴数占总泥巴数的百分比，便可根据该比例和农田面积近似算出池塘的面积。

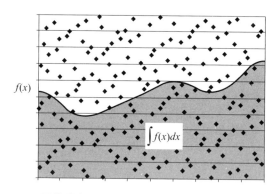

用蒙特卡罗方法计算曲边梯形的池塘面积

堆球问题与开普勒猜想

有些数学证明如此美妙，只能是上帝的创造，数学家不过是幸运地发现了它们而已。

—— ［匈］保罗·爱多士

探险家和作家雷利

沃尔特·雷利（W. Raleigh）是 16 世纪后期英国著名的探险家，算得上一个时代的风云人物。他也是女王伊丽莎白一世的宠臣，31 岁被封爵士。后来他被女王的继任者詹姆斯一世指控谋反并囚禁于伦敦塔，最终被处以极刑。

雷利少年时即参加了法国宗教战争，后就读于牛津大学，毕业后又参与镇压爱尔兰人的起义。因为他坦率地批评英国对爱尔兰人的政策，引起了伊丽莎白女王的注意。女王欣赏雷利的才干，并被他的个人魅力吸引。

伊丽莎白女王赐予雷利伦敦达勒姆旅馆的部分租借权、各色绒面呢的出口权，让他担任锡矿主管、海军中将和议员，乃至王宫侍卫长、英吉利海峡的泽西岛总督。后来雷利瞒着女王与她的侍女偷偷地结婚生子。女王发现后，他和妻子双双被关进伦敦塔。虽然不久后他们就获释了，但雷利从此失去了比他年长 21 岁、终身未嫁的女王的恩宠。

雷利曾学习数学以便用于航海，也学过化学和医术。与女王决裂之前，雷利就曾远程指挥殖民者在美国的北卡罗来纳和弗吉尼亚建立殖民地。北卡罗来纳沿海的罗厄诺克岛原本是英国人在新大陆最早的定居点，可惜 116 名移民包括在新大陆降生的第一名英国婴孩弗吉尼亚·戴尔（Virginia Dare）有一天却突然人间蒸发，至今仍是个未解之谜。那时距离"五月花"号驶往马萨诸塞尚有半个多世纪。

如今北卡罗来纳州的首府罗利就是以雷利的名字命名的，罗厄诺克岛上也有罗利堡国家历史遗址，该岛隶属的县名叫戴尔，即以那位新生婴儿的名字命名。有趣的是，同属戴尔县的小镇基蒂霍克是1903年12月17日莱特兄弟首次成功试飞飞机的地方，基蒂霍克的沙洲与罗厄诺克岛的距离不超过10公里，中间隔着罗厄诺克海峡。

写到这里，我想顺便说一句。人名与地名、物名的译名各异在汉语里是常有的事，例如在意大利语里，汽车制造商费拉里和他生产的跑车、赛车法拉利其实源于同一个单词Ferrari。在叫费拉里的意大利人中，还有16世纪的一位助理医生，他因为率先给出四次方程的代数解，成了那个时代最伟大的数学家之一。

1594年，雷利听说南美洲有金矿，便决定再次出海。他怀疑，上一次的殖民行动之所以失败，是因为弹药不足以致全军覆没，这次他打算准备足够的食物、淡水、火药、枪弹和炮弹。那时候，炮弹均为直径一样大的铁球。为此，雷利命令他的科学顾问、数学家哈里奥特（T. Harriot）找出在有限的空间里可以尽可能多地堆放炮弹的方法，并计算一下船队的弹仓能堆放多少发炮弹。由此产生了堆球问题和开普勒猜想，我们将在后文中予以介绍。

雷利率领的远征军抵达圭亚那以后，沿奥里诺科河航行到西班牙殖民地腹地。此河是南美洲的四大河流之一，发源于委内瑞拉与巴西的接壤处，上游是哥伦比亚与委内瑞拉的界河。2000年，我第一次去哥伦比亚时，搭乘的飞机便是从此河的入海处进入南美大陆的。西班牙人的文件和印第安的传说使雷利相信，南美洲有一座"黄金之城"。他的确也找到一些金矿，但没有一处足以让他殖民开发。

返回英国以后，雷利出版了《圭亚那的发现》一书。在他被处死

被处死前的雷利

（与他冒犯了英国国王不愿得罪的西班牙人有关）以后，人们发现雷利还有许多文学著作，包括 560 行遗诗。诗中他称伊丽莎白女王为月亮女神，但也指责她绝情，这可能是影射她将他囚禁一事。此外，他还写了一些散文以及一部《世界史》（从创世纪一直写到公元前 2 世纪）。

圭亚那位于南美大陆的东北部，西邻委内瑞拉，南接巴西，东边是说荷兰语的苏里南和说法语的法属圭亚那。虽说只有 70 多万人口，圭亚那的国土面积却几乎与英国本土一样大。可能让雷利感到欣慰的是，如今的圭亚那不仅是英联邦成员国，也是拉丁美洲 20 个国家里唯一以英语为官方语言的国家。而在日本的著名漫画《航海王》（又称《海贼王》）里，雷利却成了海盗，且只是个副船长，后来又做了上膜工匠。

家庭教师哈里奥特

现在我们来说一说托马斯·哈里奥特，他是随雷利爵士远征圭亚那的首席科学顾问。哈里奥特出生于牛津，就读于牛津大学的圣玛丽学堂，这所学堂后来被奥利尔学院合并。在学生时代哈里奥特就展现出超凡的数学才能，毕业后不久就进入了雷利家族，成为一名家庭教师。

哈里奥特参与了雷利家族船只的设计，还利用自己的天文学知识为船只导航提供了建议。1585 年，雷利派他参加新大陆的罗厄诺克岛探险，聘他为科学顾问，主要负责测量。哈里奥特绘制出后来被称作弗吉尼亚州和北卡罗来纳州的地图，他的考察报告出版后也多次重印。返回英国后，哈里奥特又受雇于著名的珀西家族成员、诺森伯兰九世伯爵。在伯爵家，他成为多产的数学家、天文学家和翻译家，尤其擅长翻译印第安人的阿尔冈昆语。

挂在母校牛津大学的
哈里奥特像

哈里奥特率先绘制出了月球地图，日期标注为 1609 年 7 月，比伽利略早了 4 个月。1607 年哈雷彗星的回归引起了哈里奥特对天文学的关注，他自制（也有说购买）了一架望远镜，与伽利略各自独立发现了太阳黑子和木星卫星。哈里奥特还率先发现了光的折射理论，却没有发表。哈里奥特生前已是享有盛誉的天文学家和数学家，1970 年，月球的一个陨石坑以他的名字命名。

作为数学家，哈里奥特被公认为英国代数学学派的奠基人，他在这个领域的巨著《实用分析学》在他去世 10 年后得以出版。书中改进了方程理论，注重根与系数的关系，详细论述了如何由已知根构造方程式，并揭示出任何 n 次方程与 n 个线性方程之积是等价的，接近于高斯在 19 世纪证明的代数基本定理。特别地，哈里奥特还创造了不等号 ">" 和 "<"，这两个符号沿用至今。

前文提到，雷利让他的科学顾问哈里奥特找出在有限船舱内堆放最多炮弹的方法。哈里奥特接到雷利爵士的任务以后，很快就给出了答案。炮弹的堆放方法如下：先以三角形状排好最低一层，然后让第二层的球心尽可能地低。依次增加层数，可以得到一个尽量高效的堆积方案。从中容易看出，在这样的堆放方式下，每个非边缘的炮弹恰好与 12 个炮弹相切，即同层 6 个，上一层和下一层各 3 个。关于一个球能否与 13 个同样大小的球相切，一个世纪以后，牛顿与苏格兰天文学家詹姆斯·格里高利（J. Gregory）有过争论，牛顿的否定答案无疑是正确的。

这 12 个切点形成的十二面体包紧了一个球体，所有这些十二面体可以填满整个空间。把十二面体分成 12 个全等的锥体，可以求得它的体积为 $4\sqrt{2}$。再按照阿基米德的球体积计算公式，单位球的体积是 $4\pi/3$。两者相除即得球堆的密度为 $\pi/\sqrt{18}$。德国人开普勒给出了更简洁的方法，我们将在下节介绍，现在先来看平面的情形。

假如我们考虑二维的问题，即在平面上填塞圆。首先，我们让每个单位圆与 4 个同样大小的圆相切，那么在 m 行 n 列个圆的长方形排列中，圆的面积总和为 $mn\pi$，而长方形的面积为 $4mn$，于是两者的比值为 $\pi/4$。不难看出，只要平面的范围（相比小圆的半径）足够大，那么小圆的半径大小不影响这一比值。

其次，我们让每个单位圆与 6 个同样大小的圆相切，那么由勾股定理可知，每行圆的高度为 $\sqrt{3}$，但每隔一行会减少一个圆，因此圆面积总和为 $m(2n-1)\,\pi/\sqrt{3}$，而长方形的面积仍为 $4mn$，于是两者的比值趋近于 $\pi/\sqrt{12}$，比第一种排列方式更为紧密。当然，无论哪一种，都比空间球的堆积密度要大。

哈里奥特也是一位原子论爱好者，该学说源于古希腊哲学家德谟克利特（Demokritos）。德谟克利特相信，万物的本原是原子，原子是一种不可分割的物质微粒，且毫无空隙。哈里奥特认为，研究球的堆放问题有助于理解物质的结构和组成。1601 年前后，他写信把这一想法和堆球问题告诉了比他年轻 11 岁、正在布拉格担任罗马帝国皇家天文学家的开普勒，不巧那会儿开普勒正埋头研究天体理论，尚无多少兴趣和时间来考虑微观世界。

开普勒的雪花和猜想

1571 年的一个冬日，开普勒出生于德国西南部的符腾堡公国（现巴登－符腾堡州的一部分），与爱因斯坦可谓正宗老乡。他是一桩不幸婚姻的早产儿，父亲是庸碌的雇佣军，母亲是一家小酒馆老板的爱吵架的女儿。开普勒虽身材矮小、体弱多病，但却天资聪颖，他幸运地获得了符腾堡公国领主专为贫困家庭的聪明孩子设立的丰厚奖学金，否则他可能根本没有机会接受良好的教育。

开普勒 16 岁进入图宾根大学，之后屡获幸运女神的眷顾。首先，他的天文学老师是德国唯一一位坚信哥白尼"日心说"的人。其次，在他拿到文学学士和硕士学位，准备去做牧师时，奥地利格拉茨市的一所中学刚好需要一位数学老师，他在学校的推荐下前往补缺。再次，第二年夏天 23 岁的开普勒在给中学生上课时，头脑里忽然闪过一个奇妙的念头。

前民主德国发行的
开普勒纪念邮票

如前文所言，古希腊人只知道有四面体、六面体、八面体、十二面体和二十面体这 5 种正多面体（柏拉图体），从毕达哥拉斯到柏拉图都信奉"数学和谐论"，这一点启发了开普勒，他相信行星的运行轨迹也应该是美观的几何图形。4 年以后，开普勒便发现了行星运动的第一定律和第二定律：所有行星分别在大小不同的椭圆轨道上运行；在同等的时间里行星的矢径在轨道平面上扫过的面积相同。这两个定律以及后来发现的第三定律为他赢得了"天空立法者"的美名。

1611 年，即在收到哈里奥特来信的 5 年以后，开普勒出版了一本小册子《六角雪花》(*The Six-Cornered Snowflake*)。在这本书里，开普勒不仅解释了雪花为什么是六角形，还探讨了诸如蜂房的结构、石榴果实为何是十二面体等现象，这是最早从几何出发研究自然的著作之一。开普勒认为，雪花之所以呈六角形，是因为一个圆盘最多能与 6 个相同的圆盘相切，正六边形可以平铺整个平面。

六角形的雪花

特别地，在这本书里，开普勒还提出了一个著名的猜想。

开普勒猜想　在一个容器中堆放同样的小球，所能得到的最大密度是 $\pi/\sqrt{18}$。

开普勒是这样叙述球体堆放方法的：考虑一个边长为 2 的正方体，它的体积为 8。分别以它的全部 8 个顶点及全部 6 个面的中心为球心，以 $\sqrt{2}/2$ 为半径作 14 个球体，由勾股定理和每个面的对角线长为 $2\sqrt{2}$ 可知，每个面中心的球体与该面尖角上的 4 个球体刚好相切。

这样一来，在这个正方体内，球体占有的体积等于 4 个整球的体

积（8 个角，每个角有 1/8 个球体；6 个面，每个面有 1/2 个球体）。故而密度是

$$\frac{4\left(\frac{4}{3}\pi\left(\frac{\sqrt{2}}{2}\right)^3\right)}{2} = \frac{\pi}{\sqrt{18}} = 0.740\,480\cdots$$

虽然在上述方法中，正方体内没有一个完整的球，但若换成一个大箱子，以这些正方体为基本单位来填满箱子时，不完整球体的体积跟中间那许多完整球体的体积相比就是微不足道的。同样道理，箱子的形状也不会影响密度。可是，开普勒猜想的充分性却难以证实。

1831 年，"数学王子"高斯证明了开普勒猜想在"格点型"的特殊情形下是成立的。所谓格点型，指用坐标表示时，所有球心也在坐标和偶数整点上。1900 年，德国数学家希尔伯特（D. Hilbert）在巴黎国际数学家大会上提出了 23 个有待解决的问题，其中第 18 个问题的第三部分涉及了堆球问题。

从那以后，曾有许多数学家（包括美国华人数学家项武义）宣布、发表或以为自己证明了开普勒猜想，但都没有得到一致的认可。2005 年，美国《数学年刊》发表了一篇长达 120 页的论文，宣布开普勒猜想得到证明。这篇论文的作者是美国数学家黑尔斯，他在著名的朗兰兹纲领问题上也有重要贡献。

黑尔斯将堆球问题分为 5 000 多种情况，考虑了 10 万多个线性规划问题，他的计算机程序运行了两年，其复杂性超过 1976 年地图四色问题的证明。一个显而易见的现象是，绝大多数几何学家都不懂计算机程序，而计算机专家又难以理解深奥的几何学。就连审稿小组的负责人也承认，他们对这篇论文的正确性只有 99% 的把握。鉴于此，我们继续期待（如同期待费尔马大定理）将来会有一个更加简洁有效的证明方法。

后记

　　这本书共分三辑。甲辑讲述了 7 个故事，除了《黄金分割与五角星的故事》，其余各篇均为东西方传奇的相互融合和穿插。它们涉及的数学问题有的是纯粹数学，有的是应用数学，还有的是数学思想和数学之美的体现，触及人类生活的方方面面。

　　乙辑的 8 篇文章共讲述了 10 多位数学家的故事，其中东西方的人物各占一半，他们出身于不同的阶层，生活在不同的社会意识形态下。虽然有的数学家也曾出现在拙作《数学传奇：那些难以企及的人物》中，但这本书却有着不同的叙述角度和着重点。

　　丙辑由浅入深，介绍了 5 个历史悠久的数学问题和方法，它们大多通俗易懂，又有一定的深度，留下了一些悬而未决的数学猜想或难题。其中，完美数问题（被视为面向未来的"四大数学难题"之首）和角谷猜想部分纳入了我们团队的研究心得。

　　从时间角度看，各辑的故事均由古及今，有的还带有历史的视角和观察。从地理分布看，故事的发生地遍及欧洲、亚洲、非洲和美洲，有些插图系作者本人拍摄。书中论及的数学分支，涵盖了数论和代数、几何和分析、概率和统计、密码学和艺术学，等等。

值得一提的是，《玄妙的统计》一文写成不久，一本名为《大数据时代》（2013）的著作出版了。这是大数据研究的开先河之作，作者认为，大数据带来的信息风暴正在改变我们的生活、工作和思维，其特点可以概括成"5V"：大量（Volume）、多样（Variety）、高速（Velocity）、价值（Value）和真实（Veracity）。

作者明确地指出，大数据的核心就是预测，它带来三个颠覆性的观念和方法转变：是全部数据，而非随机采样；是大体方向，而非精确制导；是相关关系，而非因果关系。第三点等于说：只需知道"是什么"，而不必知道"为什么"。在这个意义上，大数据又回到了中国人的传统思维模式。

最后，我想说的是，与我的其他著作一样，这本书也很适合亲友共同阅读或分享。在完成这本书的写作之后，我的头脑里又闪过若干新的人物和故事。或许在不久的将来，三辑的内容都能得以扩充，单独成册，期待倾听大家的宝贵意见和建议。

蔡天新

2018 年 6 月，杭州